装配式混凝土建筑施工技术与项目管理

主 编 陈 伟 刘美霞 胡兴福

北京理工大学出版社
BEIJING INSTITUTE OF TECHNOLOGY PRESS

内 容 提 要

本书顺应高等教育和行业发展方向，内容符合高等教育的人才培养目标和课程教学要求，并融入丰富的案例和行业先进技术，理论联系实际，具有学科发展上的先进性和教学上的实用性，能够较好适应了装配式建筑发展对人才的需求。全书主要内容包括概论，装配式混凝土建筑施工准备，材料的采购、验收和保管，预制混凝土构件质量检验与验收，预制混凝土构件存放和运输，装配式混凝土建筑结构施工，设备与管线系统施工，基于BIM的装配式建筑信息化管理。

本书可作为高等院校土木工程等相关专业的教材，也可作为建筑施工企业员工岗位培训的参考用书。

图书在版编目(CIP)数据

装配式混凝土建筑施工技术与项目管理 / 陈伟，刘美霞，胡兴福主编.--北京：北京理工大学出版社，2021.10

ISBN 978-7-5763-0540-1

Ⅰ.①装…　Ⅱ.①陈…②刘…③胡…　Ⅲ.①装配式混凝土结构—建筑施工—施工管理②装配式混凝土结构—建筑施工—项目管理　Ⅳ.①TU37

中国版本图书馆CIP数据核字（2021）第213171号

出版发行 / 北京理工大学出版社有限责任公司
社　　址 / 北京市海淀区中关村南大街5号
邮　　编 / 100081
电　　话 / （010）68914775（总编室）
（010）82562903（教材售后服务热线）
（010）68944723（其他图书服务热线）
网　　址 / http://www.bitpress.com.cn
经　　销 / 全国各地新华书店
印　　刷 / 河北鑫彩博图印刷有限公司
开　　本 / 787毫米×1092毫米　1/16
印　　张 / 12
字　　数 / 289千字
版　　次 / 2021年10月第1版　2021年10月第1次印刷
定　　价 / 69.00元

责任编辑 / 钟　博
文案编辑 / 钟　博
责任校对 / 周瑞红
责任印制 / 边心超

《装配式混凝土建筑施工技术与项目管理》

编写单位

主 编 单 位：住房和城乡建设部科技与产业化发展中心

副主编单位：中建科技集团有限公司
四川建筑职业技术学院
重庆建筑工程职业学院
江苏建筑职业技术学院

参 编 单 位：三一筑工科技股份有限公司
北京交通大学
中国建筑标准设计研究院
中国建筑设计研究院有限公司
中冶天工集团有限公司
北京市住宅产业化集团
北京住总集团有限责任公司
北京和能人居科技有限公司
北京和创云筑科技有限公司
深圳市现代营造科技有限公司
中领互联（北京）教育科技有限公司
湖南建工集团有限公司
美好建筑装配科技有限公司
北京城市副中心投资建设集团有限公司
贺州学院
大连理工大学
黑龙江建筑职业技术学院
内蒙古建筑职业技术学院
重庆建筑工程职业学院
襄阳职业技术学院
咸宁职业技术学院

武汉职业技术学院
武汉船舶职业技术学院
黄冈职业技术学院
菏泽职业学院
枣庄科技职业学院
滨州职业学院
聊城技师学院
临沂职业学院
日照职业技术学院
淄博职业学院
枣庄科技职业学院
扬州工业职业技术学院
常州工程职业技术学院
江西建设职业技术学院
浙江工业职业技术学院
烟台职业学院
喀什职业技术学院
大连三川建设集团股份有限公司
佩克集团
黑龙江宇辉集团
成都硅宝科技股份有限公司
迈瑞司(北京)抗震住宅技术有限公司
北京珠穆朗玛绿色建筑科技有限公司

《装配式混凝土建筑施工技术与项目管理》

编委会成员

主　编：陈　伟　刘美霞　胡兴福

副主编：樊则森　郑周练　方桐清　王广明　刘若南　王　强

参　编：朱晓锋　李显峰　杨思忠　袁　泉　赵　钿　马荣全
陈　光　陈宜虎　高晓明　刘云龙　贾　宁　刘洪娥
王洁凝　邵　笛　温　全　宁　尚　王增涛　蒋　杰
谷明旺　张　中　田　静　刘　伟　吴　平　施华飞
马云飞　徐文浩　庞玉栋　徐　溪　李博群　彭　雄
张素敏　张英保　陈　刚　刘文清　唐青松　吕海波
钱　凯　宋　健　张　晨　张　琨　李仙兰　涂群岚
钟振宇　张　军　魏建军　蒙良柱　鞠洪海　冯依锋
王　慧　曾学礼　陈　竣　杨　鹄　刘晓敏　周迎军
王光炎　李建国　崔文涛　王庆刚　张　骞　李大伟
王晓光　周荣俊　肖　鹏　唐伟军

FOREWORD 前 言

《中华人民共和国国民经济和社会发展第十四个五年规划和 2035 年远景目标纲要》《中共中央国务院关于进一步加强城市规划建设管理工作的若干意见》《国务院办公厅关于大力发展装配式建筑的指导意见》对装配式建筑发展做出了部署和提出了明确的要求。住房和城乡建设部等部委《关于推动智能建造与建筑工业化协同发展的指导意见》《关于加快新型建筑工业化发展的若干意见》《关于推进建筑信息模型应用的指导意见》对装配式建筑发展进行了一系列的推进安排。为促进智能建造与新型建筑工业化协同发展，以绿色建造助力“碳达峰碳中和”目标的实现，住房和城乡建设部科技与产业化发展中心牵头编写了本书。

智能建造与新型建筑工业化协同发展，亟需系统化、标准化、数字化集成设计，部品部件智能化生产，装配现场精益化施工，竣工验收后智慧运维等，并通过新一代信息技术驱动，从全寿命期整合工程全产业链、价值链和创新链，实现工程建设高效益、高质量、低消耗、低排放。

在智能建造与新型建筑工业化的发展过程中，人才缺乏成为制约行业发展的主要因素。加快高等职业教育改革和发展步伐，全面提高智能建造与新型建筑工业化人才培养质量，需要对课程体系建设进行深入探索。在此过程中，教材无疑起着至关重要的基础性作用，与产业发展紧密结合的高质量教材是提高我国装配式建筑人才队伍建设水平的重要保证。高等职业教育以培育生产、建设、管理、服务第一线的高素质技术技能人才为根本任务，在建设人力资源强国和高等职业教育强国中发挥着不可替代的作用。

为改变建筑产业人才技能与素质不高、职业教育严重滞后的瓶颈，适应智能建造与新型建筑工业化的发展需要，培养大量既掌握新型建筑工业化基本理论和实际操作，又懂数字化智能化的人才，亟需多途径共同推动。住房和城乡建设部科技与产业化发展中心组织了一批具有丰富理论知识和实践经验的企业专家、科研院所专家、大学一线教师，成立了装配式建筑系列教材编审委员会，着手编写本套重点支持建筑工程专业群的装配式建筑系列教材。通过紧密对接装配式建筑全产业链的龙头企业，系统总结目前我国装配式建筑技术的生产实践，在完成初稿的基础上，经过不同专家的六轮修改完善，力求教材内容逻辑清晰、结构合理、表述生动、交互性强、数字化色彩浓、特色显著，以实现以真实工作任务为载体的项目化教学，突出以学生自主学习为中心、以问题为导向的理念，评价体现过程性考核，充分体现现代高等职业教育特色。

本套教材可供高职院校建筑工程类专业教学使用，也可作为企业实训员工的岗位培训用书。培训的过程和考测结果，直接采集到住房和城乡建设部科技与产业化发展中心“装配式建筑产业信息服务平台”，便于相关企业招聘时予以采信。希望通过此系列教材的出版，能够缓解装配式建筑产业发展的人才瓶颈，也对促进当前高职院校“双高”建设具有借鉴意义。

编　者

CONTENTS 目录

CONTENTS

CONTENTS

CONTENTS

第1章　概论

装配式混凝土建筑与传统现浇混凝土建筑相比，建造方式发生了许多变革，如减少了现场模板的使用量和现浇混凝土的工作量，同时增加了预制构件吊装、预制构件连接及临时支撑等作业环节，因此，在工程项目管理上，装配式混凝土建筑与传统现浇混凝土建筑相比也有许多不同。本章主要就装配式混凝土建筑的定义、主要结构体系、主要部品部件及其部品库和项目管理模式进行介绍。

1.1　装配式建筑和装配式混凝土建筑的定义

1.1.1　装配式建筑的定义

《国务院办公厅关于大力发展装配式建筑的指导意见》中指出，装配式建筑是指用预制部品部件在工地装配而成的建筑。随后《装配式混凝土建筑技术标准》(GB/T 51231—2016)进一步明确装配式建筑是“结构系统、外围护系统、设备与管线系统、内装系统的主要部分采用预制部品部件集成的建筑”。装配式建筑从该概念提出之日起，一直就是指包含结构、外围护、设备与管线、内装在内的全面装配，而不仅仅是指结构构件的装配。

1.1.2　装配式混凝土建筑的定义

《装配式混凝土建筑技术标准》(GB/T 51231—2016)中明确规定，装配式混凝土建筑是指建筑的结构系统由混凝土部件(预制构件)构成的装配式建筑。装配式混凝土建筑是在建造全过程通过全专业协同设计形成的装配体系，需要根据项目具体需求，通过前期的策划和结构装修一体化集成设计，确定建筑设计的技术路线，由建筑师设计统筹生产、施工、运维等环节，为消费者提供高质量、低碳绿色建筑，满足人民对美好生活的向往。

1.2　装配式混凝土建筑主要结构体系

伴随着装配式建筑的发展，国内在采用《装配式混凝土建筑技术标准》(GB/T 51231—2016)中的装配整体式剪力墙结构体系、装配整体式框架结构体系、装配整体式框架-剪力墙结构体系的基础上，还创新了多种装配式混凝土建筑结构体系。本章除介绍装配整体式剪力墙结构体系、装配整体式框架结构体系、装配整体式框架-剪力墙结构体系外，还简要介绍《密肋复合板结构技术规程》(JGJ/T 275—2013)的密肋复合板结构体系，《装配整体式钢筋焊接网叠合混凝土结构技术规程》(T/CECS 579—2019)中的装配整体式叠合混凝土结构体系。

在进行装配式混凝土建筑的结构体系选择时，应根据具体工程的高度、平面、体型、抗震等级、设防烈度、功能特点及经济性等综合确定。《装配式混凝土建筑技术标准》(GB/T 51231—2016)、《密肋复合板结构技术规程》(JGJ/T 275—2013)等对装配式混凝土建筑主要结构体系的适用高度及抗震设计的规定，见表1-1～表1-5。

表1-1　装配整体式混凝土结构房屋的最大适用高度　　m

结构类型	抗震设防烈度			
	6度	7度	8度(0.20g)	8度(0.30g)
装配整体式框架结构	60	50	40	30
装配整体式框架-现浇剪力墙结构	130	120	100	80
装配整体式框架-现浇核心筒结构	150	130	100	90
装配整体式剪力墙结构	130(120)	110(100)	90(80)	70(60)
装配整体式部分框支剪力墙结构	110(100)	90(80)	70(60)	40(30)

注：1. 房屋高度指室外地面到主要屋面的高度，不包括局部凸出屋顶的部分；
2. 部分框支剪力墙结构指地面以上有部分框支剪力墙的剪力墙结构，不包括仅个别框支墙的情况。

表1-2　装配整体式混凝土结构房屋的最大适用高度　　m

结构类型	6度	7度	8度(0.2g)
密肋复合板结构	80	70	60

表1-3　高层装配整体式混凝土结构适用的最大高宽比

结构类型	抗震设防烈度	
	6度、7度	8度
装配整体式框架结构	4	3
装配整体式框架-现浇剪力墙结构	6	5
装配整体式剪力墙结构	6	5
装配整体式框架-现浇核心筒结构	7	6

表1-4　密肋复合板结构适用的最大高宽比

结构类型		抗震设防烈度					
		6度		7度		8度	
装配整体式框架结构	高度/m	≤24	>24	≤24	>24	≤24	>24
	框架	四	三	三	二	二	一
	大跨度框架	三		二		一	

续表

结构类型		抗震设防烈度							
		6度		7度			8度		
装配整体式框架-现浇剪力墙结构	高度/m	≤60	>60	≤24	>24且≤60	>60	≤24	>24且≤60	>60
	框架	四	三	四	三	二	三	二	一
	剪力墙	三	三	三	二	二	二	一	一
装配整体式框架-现浇核心筒结构	框架	三		二			一		
	核心筒	二		二			一		
装配整体式剪力墙结构	高度/m	≤70	>70	≤24	>24且≤70	>70	≤24	>24且≤70	>70
	剪力墙	四	三	四	三	二	三	二	一
装配整体式部分框支剪力墙结构	高度	≤70	>70	≤24	>24且≤70	>70	≤24	>24且≤70	
	现浇框支框架	二	二	二	二	一	一	一	
	底部加强部位剪力墙	三	二	三	二	一	二	一	
	其他区域剪力墙	四	三	四	三	二	三	二	

注：1. 大跨度框架指跨度不小于18 m的框架；

2. 高度不超过60 m的装配整体式框架-现浇核心筒结构按装配整体式框架-现浇剪力墙的要求设计时，应按表中装配整体式框架-现浇剪力墙结构的规定确定其抗震等级。

表1-5　密肋复合墙体抗震等级

密肋复合板结构	烈度					
	6度		7度		8度	
房屋高度/m	≤45	>45	≤45	>45	≤45	>45
抗震等级	四	三	三	二	二	一

1.2.1　装配整体式剪力墙结构体系

装配整体式混凝土剪力墙结构是指全部或部分剪力墙采用预制墙板构建成的装配整体式混凝土结构。该结构是以预制混凝土剪力墙墙板构件和现浇混凝土剪力墙作为结构的竖向承重和水平抗侧力构件，通过整体式连接而成。剪力墙的连接包括同层连接和上下层间连接。其中，同层连接主要采用竖向接缝进行连接；上下层间连接主要采用水平后浇带和圈梁进行连接，如图1-1所示。

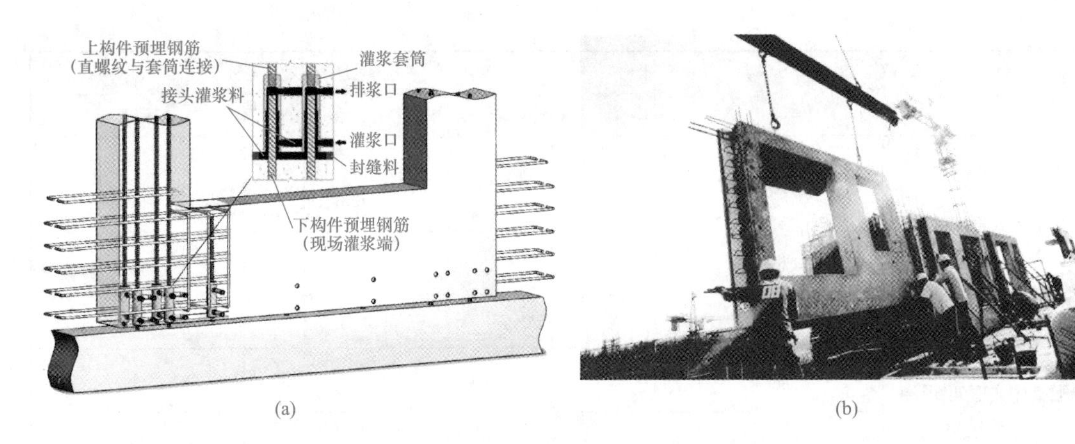

图 1-1　装配式混凝土剪力墙结构

(a)节点连接；(b)现场安装墙板照片

1.2.2　装配整体式混凝土框架结构体系

装配整体式混凝土框架结构是指全部或部分框架梁、柱采用预制构件构建成的装配整体式混凝土结构。其特点是布置灵活、连接可靠、施工便捷，可满足多种建筑功能需求，空间利用率较高。在我国，装配整体式框架结构的适用高度较低，其最大适用高度低于剪力墙结构或框架-剪力墙结构，适用低层、多层和高度适中的高层建筑中，如厂房、仓库、商场、停车场、办公楼、教学楼、医院等建筑(图 1-2)。

图 1-2　某装配式混凝土框架结构项目施工现场

1.2.3　装配整体式混凝土框架-剪力墙结构体系

装配整理式混凝土框架-剪力墙结构是由框架和剪力墙共同承受竖向和水平作用的结构。其兼有框架结构和剪力墙结构的特点，体系中框架和剪力墙布置灵活，可以满足不同建筑功能的要求，有利于用户个性化的室内空间改造，广泛应用于居住建筑、商业建筑、办公建筑、工业厂房。

1.2.4 密肋复合板结构体系

密肋复合板结构是由预制的密肋复合墙体内嵌于隐形框架而形成的一种新型结构体系。密肋复合墙体以截面及配筋较小的钢筋混凝土形成框格，内嵌以炉渣、粉煤灰(或其他有一定强度的轻质骨料)为主要原料的轻质块材预制而成，如图 1-3 所示。密肋复合墙板用肋梁、肋柱及加气硅酸盐砌块形成整体墙板，墙板与框架梁、框架柱整浇为一体，从而形成一个增强的受力体系。密肋复合墙板与外框架共同工作，在水平荷载作用下，墙板受到框架的约束，同时又对框架进行反约束，两者相互作用，同时能各自发挥其自身性能。因此，密肋复合墙板除具有围护、分隔和保温的作用外，还可以作为承力构件。

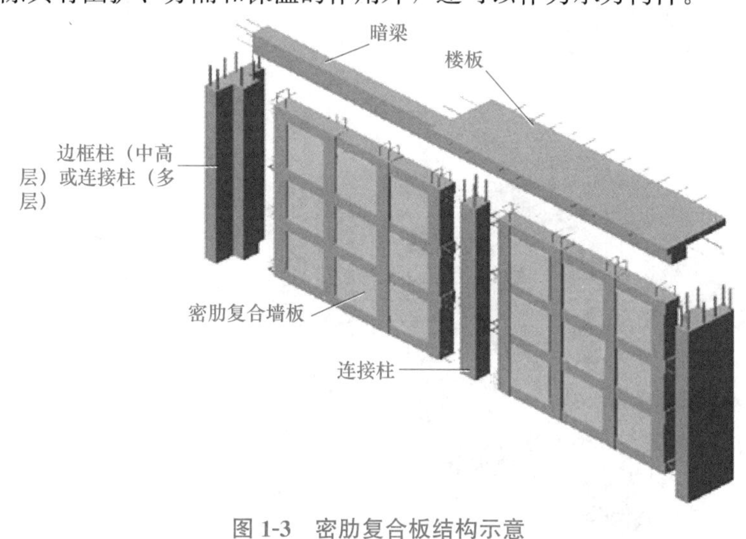

图 1-3 密肋复合板结构示意

1.2.5 装配整体式叠合混凝土结构体系

根据《装配整体式钢筋焊接网叠合混凝土结构技术规程》(T/CECS 579—2019)，装配整体式叠合混凝土结构体系是指全部或部分抗侧力构件采用钢筋焊接网叠合剪力墙、叠合柱的装配整体式混凝土结构，简称叠合结构。其包括装配整体式叠合剪力墙结构、装配整体式叠合框架结构、装配整体式叠合框架-剪力墙结构和装配整体式框架-现浇核心筒结构。装配整体式叠合混凝土结构利用混凝土叠合原理，把工厂生产的竖向叠合构件(墙、柱)(图 1-4)、水平叠合构件(梁、板)等，通过现浇混凝土结合为整体，充分发挥预制混凝土构件和现浇混凝土构件的优点，实现真正意义上的结构“整体叠合、等同现浇”。

叠合结构的预制构件均可由工厂自动化、智能化生产，构件连接便捷、可靠，施工工艺简单、效率高。较常规的装配整体式混凝土结构体系，可显著提高建筑物的整体刚度、抗震性能等，同时兼有构件质量轻、运输效率高、外墙抗渗效果好、质量检验有保证等优点。与现浇混凝土结构相比，叠合结构可以大量减少模板安装作业量，尤其是在高空或其他困难条件下，可显著提高施工效率，达到节省材料，缩短工期，提高经济效益的目的。该体系适用框架、剪力墙、框架-剪力墙、框架-现浇核心筒等结构体系，广泛应用于住宅建筑、商业建筑、办公建筑、文教建筑、地下建筑等。

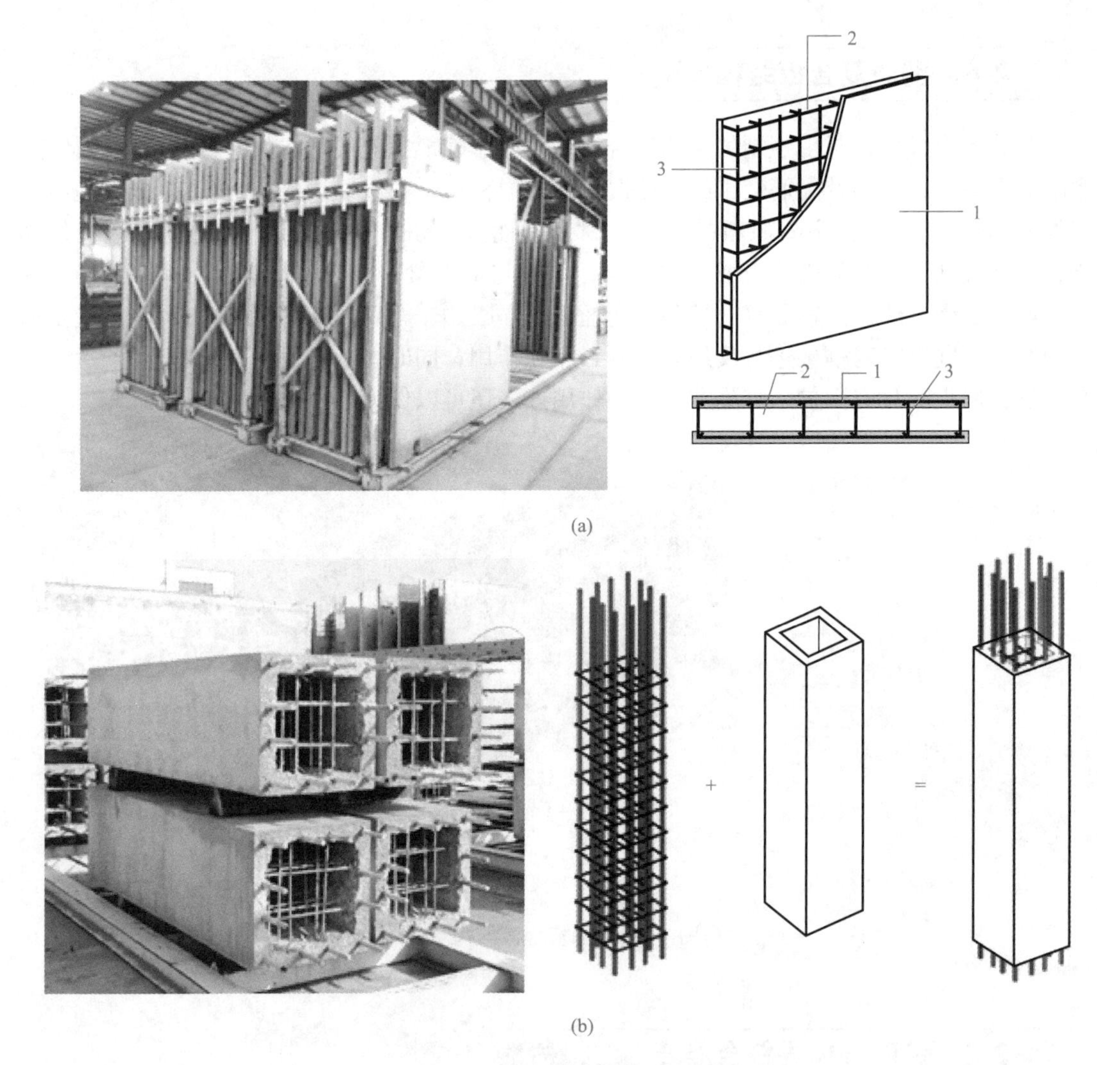

图 1-4　竖向叠合构件示意

(a)叠合剪力墙；(b)叠合柱

1—预制部分；2—空腔部分；3—成型钢筋笼

1.3　装配式混凝土建筑部品部件分类和编码

1.3.1　结构构件分类和常用构件示意

按照《装配式建筑部品部件分类和编码标准》(T/CCES 14—2020)，装配式混凝土建筑预制构件主要有预制混凝土楼板、预制混凝土墙板、预制混凝土柱、预制混凝土梁、预制混凝土楼梯、预制阳台板等。

1. 预制混凝土楼板

预制混凝土楼板包括预制混凝土叠合板、预制混凝土双 T 板等。预制混凝土叠合板主要有两种：一是桁架钢筋混凝土叠合板；二是预应力混凝土叠合板。后者又包括预制实心平底板混凝土叠合板、预制带肋底板混凝土叠合板与预制空心底板混凝土叠合板等。常用预制混凝土楼板的类型如图 1-5 所示。

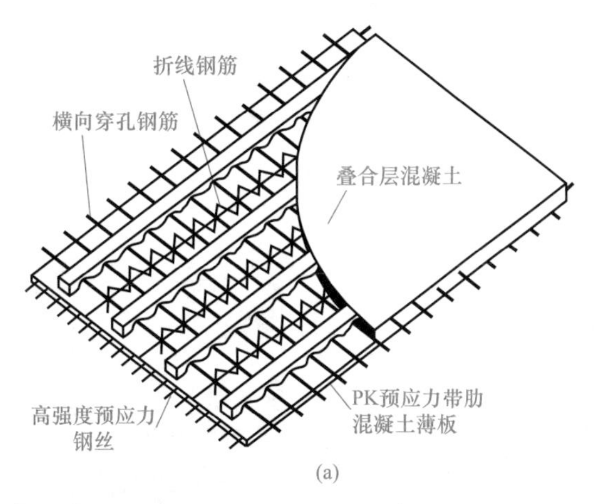

(a)

(b)

(c)

图 1-5　常用预制混凝土楼板的类型

(a)预制混凝土叠合楼板；(b)预制混凝土预应力叠合楼板；

(c)预制混凝土预应力叠合楼板施工现场

2. 预制混凝土墙板

预制混凝土墙板包括预制混凝土实心剪力墙墙板、预制混凝土夹心保温剪力墙墙板、预制混凝土双面叠合剪力墙墙板、预制混凝土外墙板等。常用预制混凝土墙板的类型如图 1-6 所示。

3. 预制混凝土柱

预制混凝土柱因结构连接的需要，需在端部留置插筋。预制混凝土柱及其连接方式如图 1-7 所示。

(a)　(b)　(c)

图 1-6　常用预制混凝土墙板的类型

(a)预制混凝土内墙板；(b)预制混凝土挂板；(c)预制混凝夹心保温外墙板

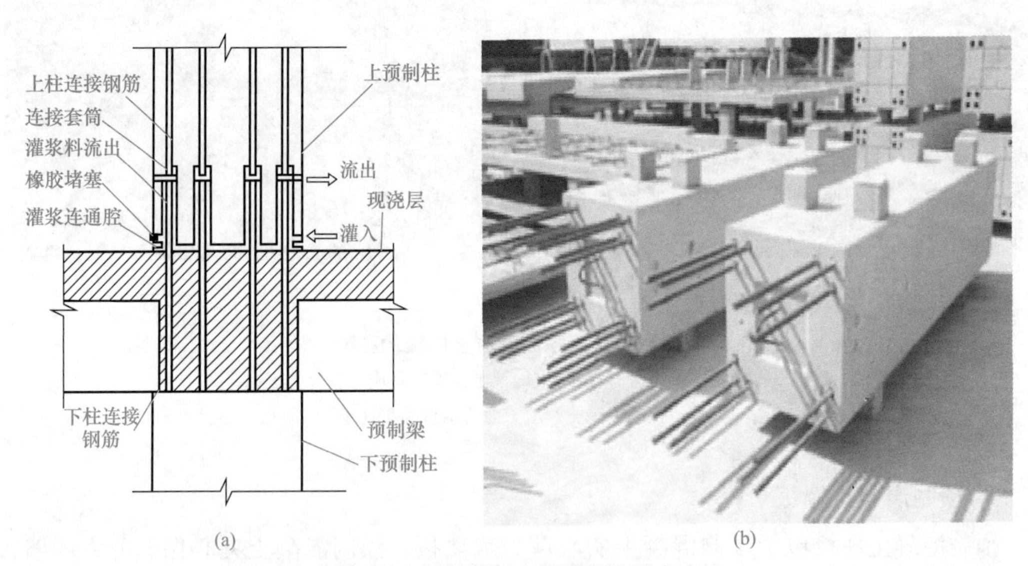

(a)　(b)

图 1-7　预制混凝土柱及其连接方式

(a)预制混凝土柱连接方式示意；(b)预制混凝土柱

4. 预制混凝土梁

预制混凝土梁包括预制实心梁和预制叠合梁。为了结构连接的需要，预制混凝土梁在端部需要留置锚筋；预制叠合梁箍筋可采用整体封闭箍或组合式封闭箍筋。常用预制混凝土梁的类型如图 1-8 所示。

图 1-8　常用预制混凝土梁的类型

5. 预制混凝土楼梯

预制混凝土楼梯按其构造方式可分为梁承式、墙承式和墙悬臂式等类型。常用预制混凝土楼梯的类型如图 1-9 所示。目前，常用预制楼梯为预制钢筋混凝土板式双跑楼梯和剪刀楼梯，预制楼梯安装后可作为施工通道；预制混凝土楼梯受力明确，地震时支撑不会受弯破坏，保证了逃生通道，同时楼梯不会对梁柱造成伤害。

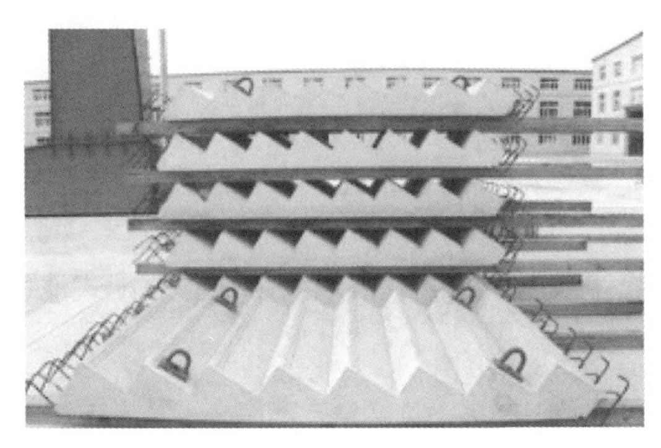

图 1-9　常用预制混凝土楼梯的类型

6. 其他构件

根据结构设计不同，实际应用中还有其他构件，如预制阳台板、预制空调板、预制飘窗等，如图 1-10、图 1-11 所示。

图 1-10　预制阳台板

图 1-11　预制空调板、预制飘窗

1.3.2　装配化装修部品部件分类和常用部品部件示意

1. 装配化装修部品部件分类

根据《装配式建筑部品部件分类和编码标准》(T/CCES 14—2020)，基于装配式的工法构造，可分为装配式支撑构造、装配式填充构造、装配式连接构造、装配式防水构造和饰面及配套材料部分，如图 1-12 所示。

按照空间六面体功能划分，全屋装配化装修体系包括装配式隔墙及墙面、装配式地面、装配式顶面、装配式厨房、装配式卫生间等。

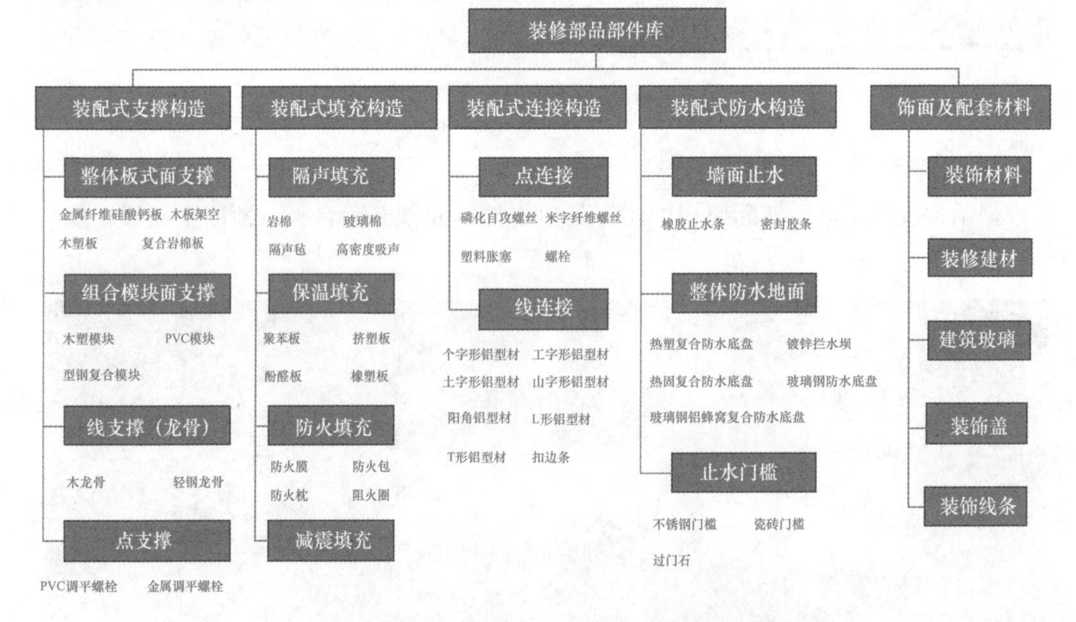

图 1-12　按照工法构造划分的装配式装修部品部件

2. 装配式隔墙及墙面

装配式隔墙根据工法构造不同，可分为条板隔墙、龙骨隔墙和模块化隔墙(图 1-13)。

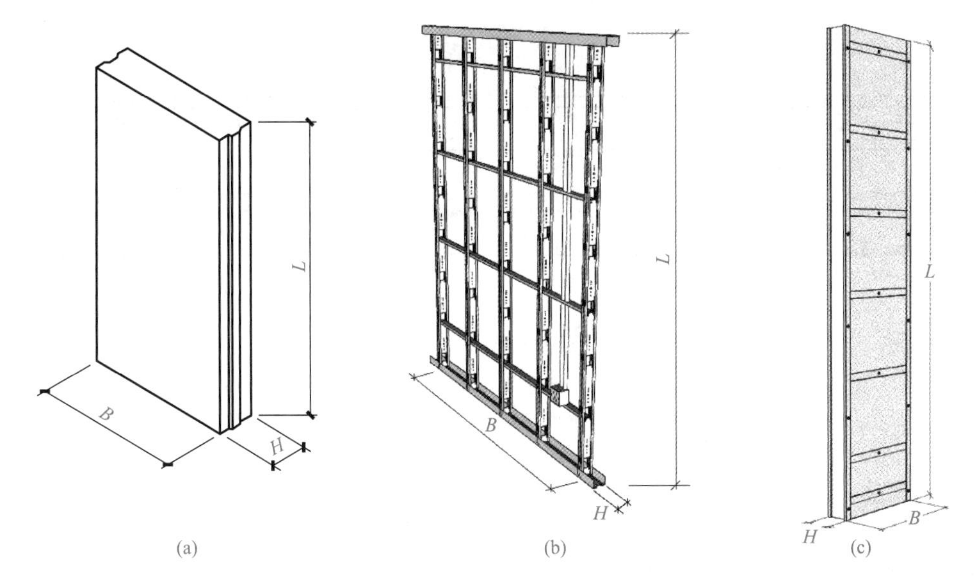

图 1-13　装配式隔墙示意

(a)条板隔墙；(b)龙骨隔墙；(c)模块化隔墙

B—宽度；L—高度；H—厚度

装配式墙面板通常为工厂定制的成品板，可根据空间功能及效果表达需求选择有壁纸、壁布、面砖、陶瓷薄板、薄石材等效果的涂装板、包覆板及粘贴板(图 1-14)。

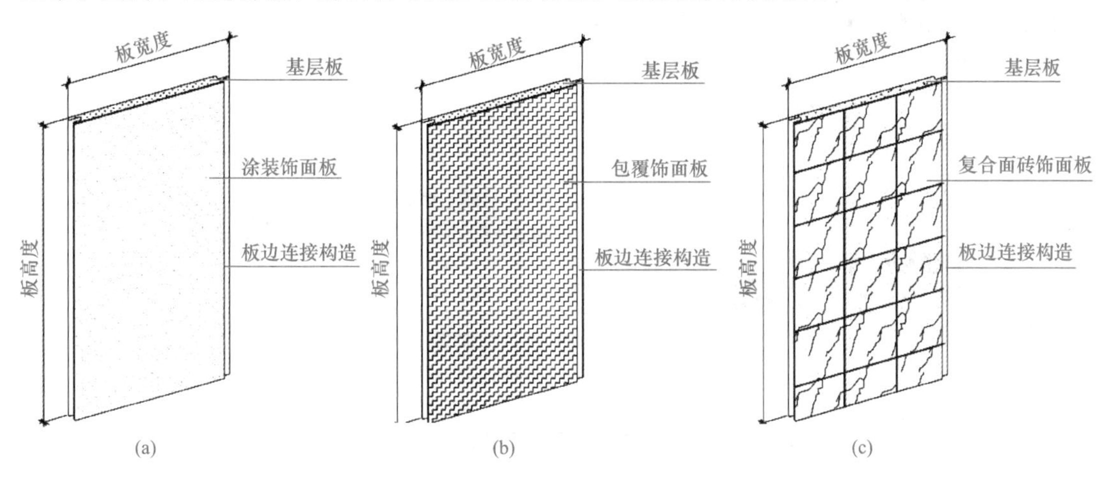

图 1-14　定制成品墙面板饰面层示意

(a)涂装板；(b)包覆板；(c)粘贴板

3. 装配式地面

装配式地面的支撑构造通常为组合模块，可分为型钢复合架空模块、水泥板复合架空模块、板材支撑架空模块、网格支撑架空模块。根据工程所属区域及设计要求，模块内还可以集成供暖管线(图 1-15)。

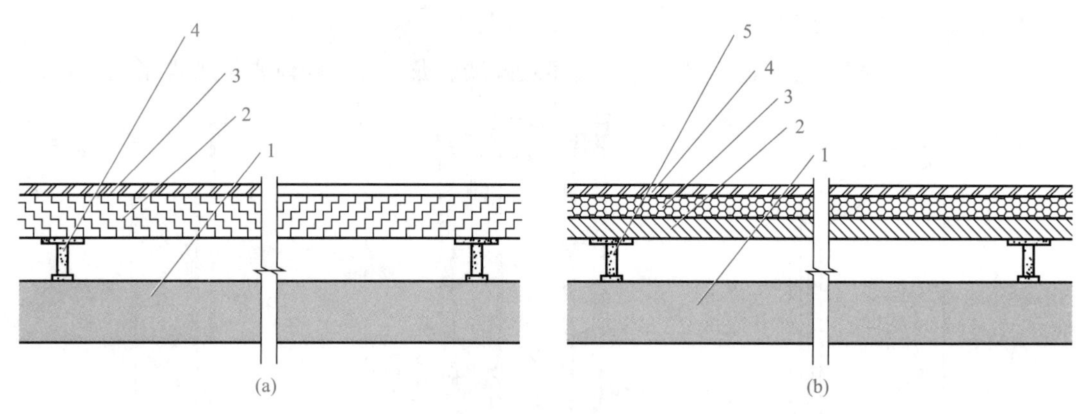

图 1-15　装配式地面支撑构造示意

(a)型钢复合架空模块/水泥板复合架空模块

1—结构楼板；2—一体化模块；3—饰面层；4—支撑及调节

(b)板材支撑架空模块/网格支撑架空模块

1—结构楼板；2—结构受力层；3—采暖模块层；4—饰面层；5—支撑及调节

装配式地面的面层可采用干式工法安装的木板(实木地板、实木复合地板、强化复合地板)、石材(大理石、花岗岩)、陶瓷类(瓷砖、瓷砖复合板)、复合板材(硅酸钙复合地板、弹性地板、石塑地板)等材质板。

4. 装配式顶面

装配式顶面根据饰面材质通常可分为石膏板吊顶、金属板吊顶(金属单板、金属复合板)、无机板吊顶(硅酸钙复合顶板、矿棉板、玻镁板)、玻璃吊顶等。其支撑构造按照工法可分为粘接式和构件连接式(图 1-16)。

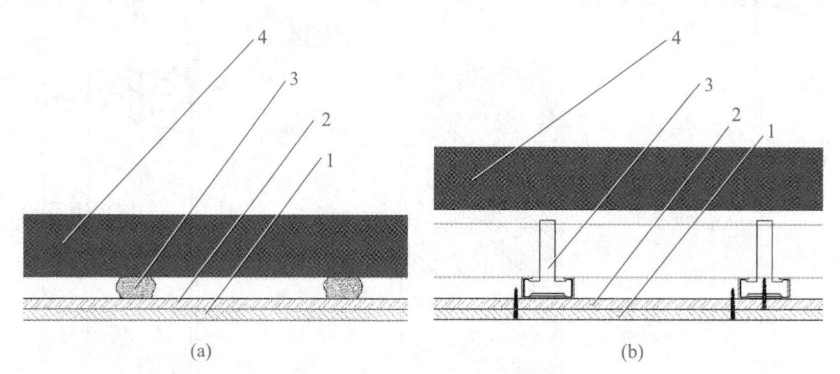

图 1-16　装配式顶面支撑构造示意

(a)粘结式

1—饰面层；2—基层板；3—粘结层；4—结构楼板

(b)构件链接式

1—饰面层；2—基层板；3—构造连接层；4—结构楼板

5. 装配式厨房

装配式厨房通常由装配式隔墙及墙面、装配式地面、装配式顶面、装配式门窗共同围合的厨房空间，以及橱柜、厨房设备及管线等集合装配而成。装配式厨房构造图如图 1-17 所示。

装配式厨房的一般布局类型有单排形、双排形、L 形及 U 形(图 1-18)。

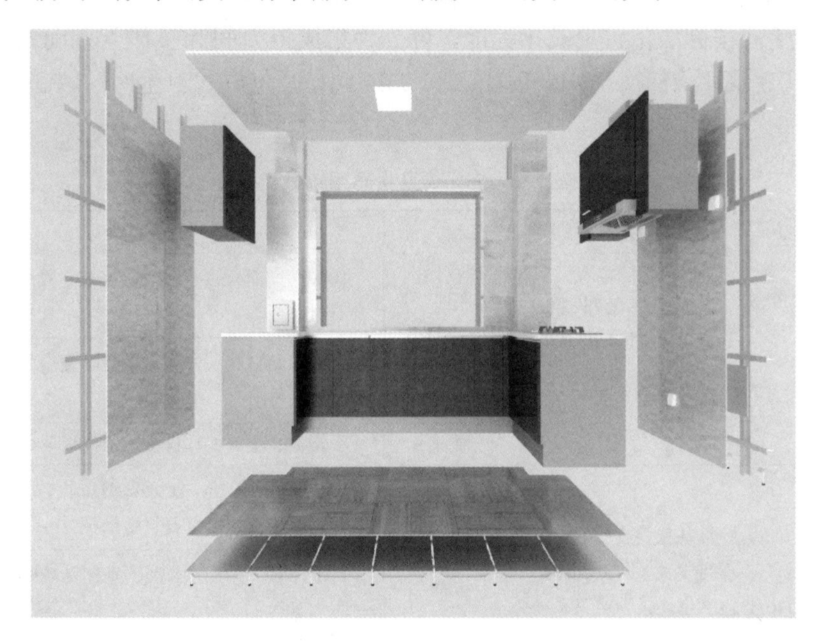

图 1-17　装配式厨房构造示意

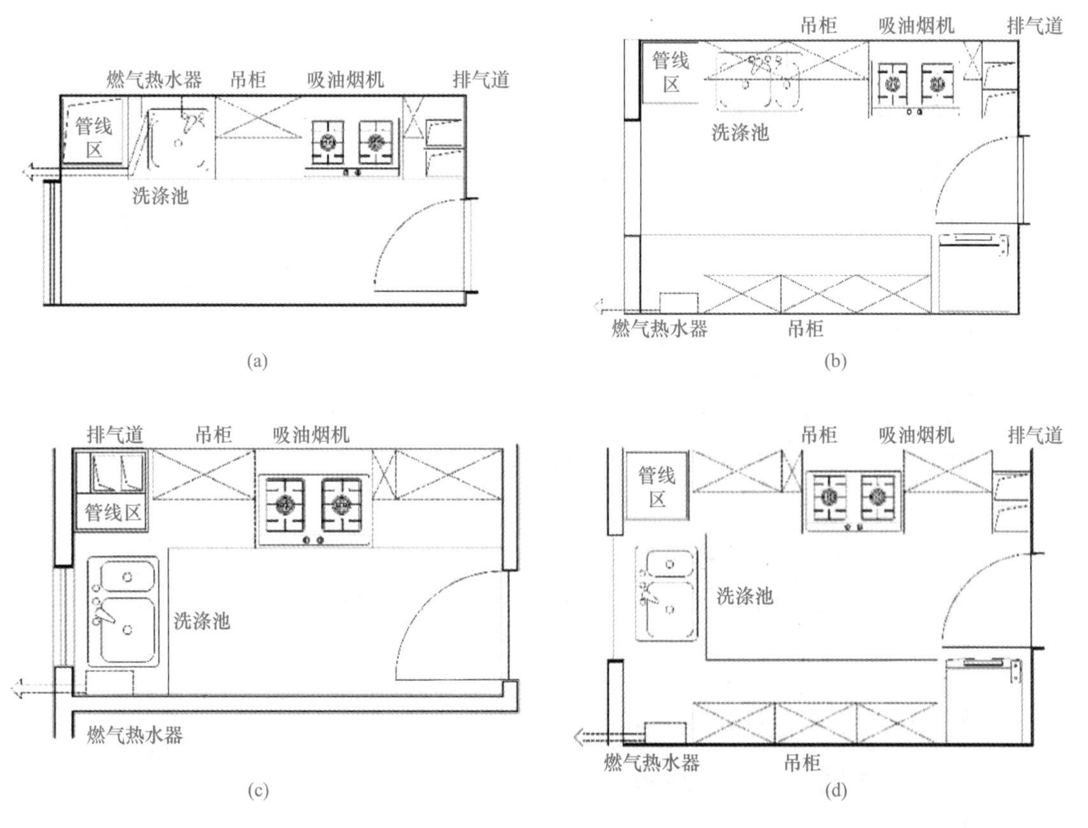

图 1-18　装配式厨房构造示意

(a)单排形；(b)双排形；(c)L 形；(d)U 形

6. 装配式卫生间

装配式卫生间按标准化和集成化程度，可分为集成卫生间和整体卫生间两种。此两类均属于《装配式建筑评价标准》(GB/T 51129—2017)中的“集成式卫生间”。装配式卫生间系统分类见表 1-6。

表 1-6　装配式卫生间系统分类

分类	支撑方式	部位	产品类型
集成卫生间	壁板、底盘和顶板等材料需固定在卫生间的建筑墙体、顶面和地面上	墙面	硅酸钙饰面板、复合瓷砖壁板、复合岩板壁板、复合石材壁板等
		地面	合成树脂材料一体防水底盘，复合瓷砖地面、复合石材地面等
		顶面	石膏板、金属板、硅酸钙饰面板等
整体卫生间	具备独立支撑体系，不与卫生间的围合墙体发生连接固定关系	墙面	SMC 模压壁板、复合彩钢壁板、复合瓷砖壁板、复合岩板壁板、复合石材壁板等
		地面	FRP/SMC 模压防水盘、复合瓷砖防水盘、复合石材防水盘等
		顶面	SMC 模压顶板、复合金属顶板等
注释：1. SMC(Sheet molding compound)是指片状模压复合材料。 2. FRP(Fiber reinforced polymer，or Fiber reinforced plastic)是指纤维增强复合材料。			

通常，装配式卫生间由装配式隔墙及墙面、装配式地面、装配式顶面、装配式门窗共同围合的卫生间空间，以及装配式防水防潮构造、设备及管线、卫生洁具等集合装配而成。装配式卫生间构造如图 1-19 所示。

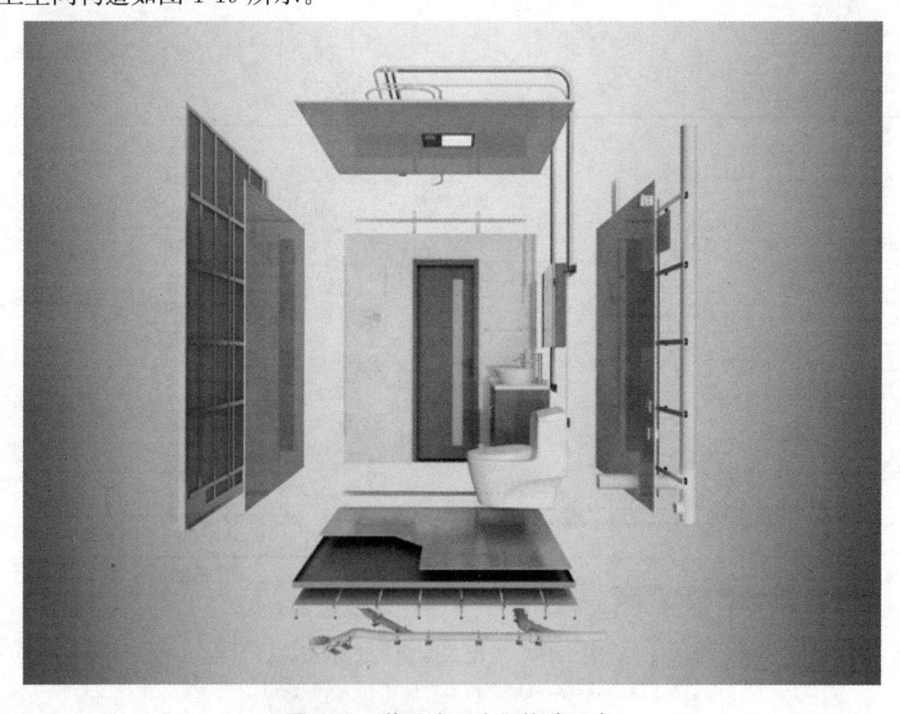

图 1-19　装配式卫生间构造示意

1.3.3 装配式建筑部品部件编码方法和编码示例

1. 编码方法

建筑信息分类常用方法是线分类法和面分类法。线分类法是将分类对象按照所选定的若干个属性或特征逐次地分成相应的若干个层级的类目，排成有层次的、逐渐展开的分类体系；面分类法是将所选定的分类对象的若干属性或特征视为若干个“面”，每个面中又分成独立的若干个类目。

《装配式建筑部品部件分类和编码标准》(T/CECS 14—2020)采用了混合分类方法，既保留线、面分类方法的优点，又可弥补各自的不足。采用线分类法可与现有标准相协调，确保分类的逻辑性和连贯性；采用面分类法可解决部品部件信息繁杂、无序、无限扩充等问题。混合分类法内置于部品库中，较好地适应了编码唯一性、简洁性和无限扩充性要求，便于不同企业的软件、硬件信息传递，有效解决“信息孤岛”问题。

2. 编码结构与示例

装配式建筑部品编码原则是科学性、系统性、可扩延性、兼容性和综合实用性。装配式建筑部品编码沿用《建筑信息模型分类和编码标准》(GB/T 51269—2017)的组合规则，该标准中附表 A.0.5 列出了建筑信息模型分类的建筑元素(简称“附表 A.0.5”)，为在复杂情况下精确描述对象，将“＋”“/”“<”“>”等运算符号与多个编码一同使用，如“＋”用于将同一表格或不同表格中的编码联合在一起，表示两个及以上编码含义的集合。混凝土结构表示为14—20.20.00，外阳台表示为 14—10.20.51.06，混凝土结构的外阳台表示为14—20.20.00＋14—10.20.51.06。

《装配式建筑部品部件分类和编码标准》(T/CECS 14—2020)扩充了预制部品部件编码。编制附表 A.0.5 未提及且无法组合的部品部件，如 14—20.20.03 表示板，在其后添加 2 位数字表示矩形板，即 14—20.20.03.01。

BIM 需要不同维度的信息以适应不同的应用者，采用传统编码技术难以满足信息编码的新要求。在 BIM 应用研究基础上，按照计算机编程规律，采用部品部件“标准码”＋“特征码”的组合编码方式。

编码由表代码和 8 位分类标准码构成，如预制混凝土框架梁表示为 30—01.10.20.10。其中，表代码为 30，标准码为 01.10.20.10，表代码与标准码之间用“—”连接(图 1-20)。同时，各级代码采用 2 位阿拉伯数字表示，各级代码的容量为 100，从 00～99。如预制混凝土框架梁编码 30—01.10.20.10 的编码结构如图 1-20 所示。

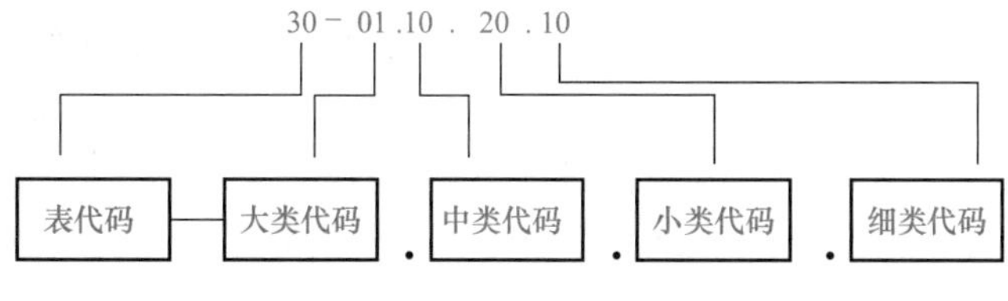

图 1-20 预制混凝土图框架梁标准码

类型和基本属性进行描述，大量信息可采用特征码方法进行描述。装配式建筑部品部件特征码采用“穷举型特征码”与“输入型特征码”进行描述，如0201表示“抗震参数”“甲类建筑，6度设防”(图1-21)。对于可以穷举的属性归为“穷举型特征码”直接用00～99数字表示；对于不可穷举的属性归为“输入型特征码”，用3位数000～999数字表示，例如051表示部品部件的设计单位，采用括号“(　)”并直接赋值的方法说明设计院的名称，如“(北京交大建筑勘察设计院有限公司)”(图1-22)。装配式建筑部品部件特征码使用灵活，扩充性良好。

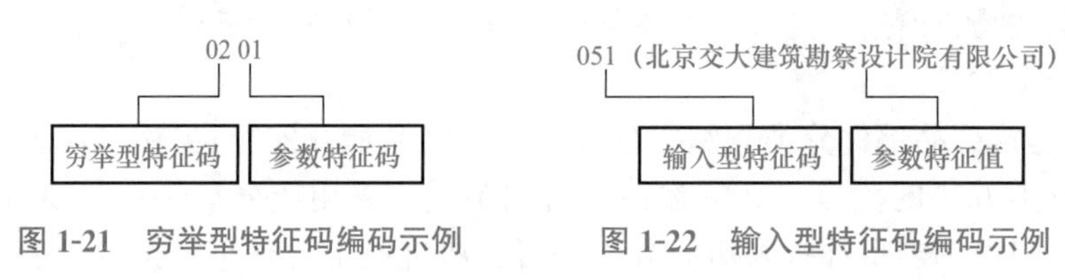

图1-21　穷举型特征码编码示例　　图1-22　输入型特征码编码示例

1.4　装配式混凝土建筑部品部件库

1.4.1　装配式建筑部品部件库简介

基于《装配式建筑部品部件分类和编码标准》(T/CECS 14—2020)和BIM技术，已构建覆盖装配式混凝土、装配式钢结构、木结构、装配化装修与设备管线、拆装式建筑的BIM模型部品部件库，并对部品库内部品按照类别分析且设置多样化多方面的特征属性。装配式建筑混凝土构件设置结构体系、构件位置、力学特征、规格尺寸、工艺特征、配筋特征、截面形式、连接方式、碳排放因子、标准化率等特征码。

1.4.2　应用部品库的多维度快速检索技术、正向设计三维装配工具和模型轻量化引擎

(1)多维度快速检索技术。研发按照部品部件分类、编码各种属性等多维度信息的灵活快速检索技术，根据设计、生产、施工、运维等阶段的不同检索需求，制定检索策略，实现部品部件信息模型的快速检索和调取。

(2)正向设计三维装配工具。基于《装配式建筑部品部件分类和编码标准》(T/CCES 14—2020)和部品库，研发了具有完全自主知识产权的正向设计三维装配工具，以“构件智能选择＋装配”的“搭积木”方式，在线选用部品部件BIM，通过自动吸附(水平、垂直、安装间隙)、阵列、平铺、自动捕捉、镜像、自动对齐、碰撞检查等技术，提高设计效率，实现基于部品库的建筑正向设计，并快速形成多方案的建筑模型，经过与业主沟通并进行日照、通风、节能、碳排放等多维度分析，确定最优方案后，可自动生成部品部件统计表，并将相关信息导入协同软件，并可与第三方软件部品部件模型的转换与兼容。

(3)模型轻量化引擎。为了使部品库的BIM得到便捷使用，运用网格简化、特征简化

和轮廓显示等技术研发了模型轻量化引擎，运用内存管理、大容量数据的装载与显示、并行计算等技术，实现大数据量模型轻量化，实现高效展示及交互，便于BIM应用在PC、Pad及手机等不同终端。轻量化BIM可以在生产管理系统中进行单部品部件自动赋码，并将部品部件生产加工信息传递到自动化生产线，从而进行生产加工，同时，将部品部件装配和管理数据传递到项目管理系统，便于项目管理。

1.4.3 基于部品库的装配式混凝土建筑设计阶段碳排放概算

结合部品部件的生产加工和装配特点，基于BIM对各种部品部件计算工程量并自动统计，以参数化模型和大量项目数据计算装配式混凝土建筑结构构件和装配化装修部品部件的碳排放因子，并形成碳排放因子特征码。在基于部品库的正向设计中快速形成多方案的建筑模型，设计人员输入一定的工程条件，如运输距离、机械、人工等，结合碳排放因子特征码和BIM提取的各种部品部件使用量，在设计阶段就可以进行建筑物碳排放量概算。该概算既包括设计、生产、施工的碳排放，也包括装修的碳排放，作为确定最优方案的重要考虑维度，从而在策划阶段从总体上控制建筑碳排放，促进“碳达峰碳中和”目标的实现。

1.5 装配式混凝土建筑工程项目管理方式

装配式混凝土建筑不仅是建造技术的重大变革，也带来了工程项目管理方式的转变。与传统建造方式相比，装配式建造方式体现了“三个一体化”，即“建筑结构机电装修一体化”“设计生产施工一体化”和“技术管理市场一体化”，三者相互关联、相互作用。目前，国内建筑工程项目大多采用设计、施工分别发包的方式，分项招标、分段验收，设计、施工各个环节相互割裂、脱节，无法适应装配式建造方式的发展要求。为破解这一难题，《国务院办公厅关于大力发展装配式建筑的指导意见》中提出装配式混凝土建筑工程项目管理在原则上应采用工程总承包，即推行设计、生产、施工一体化的工程总承包建设方式。

1.5.1 工程总承包项目管理方式

工程总承包是指承包单位按照与建设单位签订的合同，对工程设计、采购、施工或设计、施工等阶段实行总承包，并对工程的质量、安全、工期和造价等全面负责的工程建设组织实施方式，是国际通行的工程建设项目组织实施方式。我国工程总承包在化工、石化、水利等领域应用较广。工程总承包是推进装配式建筑发展的必然要求，但现阶段与装配式建筑工程总承包相适应的招标投标、施工许可、竣工验收等制度还亟待完善。

从企业的角度来看，多数项目仍沿用施工总承包方式进行装配式建筑施工，许多企业与工程总承包相适应的组织架构未建立，还未形成高效的项目管理体系，亟须向具有工程管理、设计、采购、生产、施工能力的工程总承包企业转型。从外部环境来讲，我国建筑业实行设计和施工分开招标投标，不利于实施工程总承包，无法发挥工程总承包方式的优势，装配式建筑的建造过程难以系统地进行全过程优化，也难以形成利益共同体。另外，亟须培育全过程工程咨询企业，其业务应涵盖投资咨询、勘察、设计、监理、招标代理、工程造价等，形成与工程总承包对应的为甲方服务的专业化制度安排。

工程总承包方式有 EPC 模式、DB 模式、EP 模式、LSTK 模式等。建设单位可根据项目特点和实际需要，按照风险合理分担原则和承包工作内容采用不同的工程总承包方式。无论采用何种承包方式，其目的都是在实现工程功能的基础上，更好、更快、更省地推进项目建设。以下重点介绍设计采购施工一体化模式(EPC)和设计施工总承包模式(DB)。

1.5.2 设计采购施工一体化模式(EPC)

EPC 是设计(Engineering)－采购(Procurement)－施工(Construction)模式的简称，由一家承包商或承包商联合体对整个工程的设计、采购、施工直至交付使用进行全过程的统筹管理，也称作 EPC 工程总承包或 EPC 全过程工程总承包。在 EPC 工程总承包模式下，业主将项目的设计、采购、施工全部交由总承包商来完成。根据工程需要，在合同允许的范围内，总承包商可将项目的部分工作分包出去，统筹管理，并对业主负责。这种模式对总承包商的要求比较高，业主在工程项目中参与度比较低。业主可以自行组建管理机构，也可以委托咨询单位对项目进行整体性、原则性、目标性进行管控，EPC 下能发挥总承包商企业的管理经验和主观能动性，提高项目的管理效率，创造更多的效益。

EPC 的主要内容为组织管理、费用控制、进度控制、质量控制、合同管理、信息管理、沟通管理等。EPC 下，业主与总承包商签订总价合同，项目的设计、采购、施工工作全部由总承包商负责，并对项目的质量、成本、进度等方面全面负责。总承包商处于核心地位并承担项目的大部分风险。根据项目情况，在合同允许的范围内，总承包商可以将部分工作分包出去。EPC 比较适用工程设计复杂、采购量大、业主希望最大限度地规避风险，同时，设计、采购、施工各阶段需要深度交叉并协同工作、涉及专业较多的项目。装配式建筑设计多样化、设计施工一体化的特点与 EPC 的核心理念相契合。

BIM 技术与 EPC 的核心理念相契合，都围绕项目全过程协同管理。在 EPC 下，BIM 技术贯穿项目全生命周期，将各专业、各阶段信息整合到一个数据模型，在中心文件上进行各专业设计工作，各参与方通过同一个信息交流平台进行交互和共享，保证信息传递的流畅性，提高项目管理效率。在采用 EPC 的装配式混凝土建筑项目中引入 BIM 技术，可以使项目各参与方、各专业技术人员在同一信息平台进行数据处理，实现装配式建筑设计、生产、施工的一体化信息化管理，降低沟通成本，提高协同效率，辅助实现装配式建筑的全生命期信息化管理，提高装配式建筑建造效率，促进装配式建筑的发展。

1.5.3 设计施工总承包模式(DB)

设计施工总承包模式(DB)是工程项目设计施工总承包企业根据合同规定，负责项目的设计与施工任务，并对工程项目的全过程进行负责的承包模式，是在工程项目可行性研究或项目初步设计完成以后，根据具体工程的施工特点，将工程项目中的设计与施工捆绑委托给一家具有设计和施工总承包资质的企业，并最终对工程项目中的进度、安全、成本及质量进行全面负责任。设计施工总承包模式是受业主委托，由唯一承包方按照合同约定对项目的勘察、设计、施工、试运行（竣工验收）等全过程或至少包括设计和施工阶段进行工程承包的方式。DB 主要分为四种[①]：Develop and construction（DB 承包商仅完成施工图设计和施工建造等任务）；Novation design－build（DB 承包商负责部分初步设计、施工图设计和施工建造等任务）；Enhanced design－build（DB 承包商完成全部初步设计、施工图设计和施工建造等任务）；Traditional design－build（DB 承包商负责所有的设计和建造工作）。

1.5.4 工程总承包发包和承包环节管理要点

建设单位应在发包前完成项目审批、核准或备案程序。采用工程总承包方式的企业投资项目，应当在核准或备案后进行工程总承包项目发包；采用工程总承包方式的政府投资项目，原则上应当在初步设计审批完成后进行工程总承包项目的发包。其中，按照国家有关规定简化报批文件和审批程序的政府投资项目，应当在完成相应的投资决策审批后进行工程总承包项目的发包。建设单位依法采用招标者直接发包等方式选择工程总承包单位。在工程总承包项目范围内的设计、采购或施工中，有任一项属于依法必须进行招标的项目范围且达到国家规定规模标准的，应当采用招标的方式选择工程总承包单位。

建设单位应当根据招标项目的特点和需要编制工程总承包项目招标文件，主要包括投标人须知、项目概况及批准文件、资金筹措情况；评标办法和标准；拟签订合同的主要条款，工程总承包计量规则和计价方法，合同价格调整方法；发包人要求，列明项目的目标、发包范围、设计要求和技术标准，对项目的内容、范围、规模、标准、功能、质量、安全、节约能源、生态环境保护、工期、验收等明确要求。建设单位提供的资料和条件，包括发包前完成的水文地质、工程地质、地形等勘察资料，可行性研究报告及批复、环境影响性评价报告及批复、方案设计文件或初步设计文件等，投标文件格式，要求投标人提交的其他材料。

工程总承包单位应当同时具有与工程规模相适应的工程设计资质和施工资质，或由具有相应资质的设计单位和施工单位组成联合体。工程总承包单位应当具有相应的项目管理体系和项目管理能力、财务和风险承担能力，与发包工程相类似的设计、施工或者工程总承包业绩等。设计单位和施工单位组成联合体的，应当根据项目的特点和复杂程度，合理确定牵头单位，并在联合体协议中明确联合体成员单位的责任和权利。联合体各方应当共同与建设单位签订工程总承包合同，就工程总承包项目承担连带责任。

工程总承包单位不得是工程总承包项目的代建单位、项目管理单位、监理单位、造价咨询单位、招标代理单位。政府投资项目的项目建议书、可行性研究报告、初步设计文件

---

① 夏波，陈炳泉．我国设计施工总承包模式的分类研究[J]．建筑经济，2008，(S2)：1-4.

的评估单位，一般不宜成为该项目的工程总承包单位，但政府投资项目招标人公开已经完成的项目建议书、可行性研究报告、初步设计文件的，上述单位可以参与该工程总承包项目的投标，经依法评标、定标等法定程序，成为工程总承包单位。

建设单位承担的风险主要包括主要工程材料、设备、人工价格与招标时期基价相比，波动幅度超过合同约定幅度的部分；因国家法律法规或政策、标准变化引起的合同价格的变化；不可预见的地质条件造成的工程费用和工期的变化；因建设单位原因产生的工程费用和工期的变化；不可抗力造成的工程费用和工期的变化。建设单位和工程总承包单位可运用保险手段增强防范风险能力。

企业投资项目的工程总承包宜采用总价合同。政府投资项目的工程总承包应当合理确定合同价格形式，采用总价合同的，除合同约定可以调整的情形外，合同总价一般不予调整。建设单位和工程总承包单位可以在合同中约定工程总承包计量规则与计价方法。依法必须进行招标的项目，合同价格应当结合投标人的技术方案进行综合评估前提下合理确定。

1.5.5 工程总承包项目实施管理要点

建设单位根据自身资源和能力，可以自行对工程总承包项目进行管理，也可以委托勘察设计单位、代建单位等项目管理单位，赋予相应权利，依照合同对工程总承包项目进行管理。工程总承包单位应当建立与工程总承包相适应的组织机构和管理制度，形成项目设计、采购、施工、试运行管理及质量、安全、工期、造价、节约能源和生态环境保护管理等工程总承包综合管理能力。工程总承包单位应当设立项目管理机构，设置项目经理，配备相应管理人员，加强设计、采购与施工的协调，质量满足项目目标的前提下完善和优化设计，改进施工方案，实现对工程总承包项目的有效管理控制。

工程总承包项目经理应当具备下列条件：取得相应工程建设类注册执业资格，包括注册建筑师、勘察设计注册工程师、注册建造师或注册监理工程师等；未实施注册执业资格的，取得高级专业技术职称；担任过与拟建项目相类似的工程总承包项目经理、设计项目负责人、施工项目负责人或项目总监理工程师；熟悉工程技术和工程总承包项目管理知识及相关法律法规、标准规范；具有较强的组织协调能力和良好的职业道德。工程总承包项目经理不得同时在两个或两个以上工程项目担任项目经理、施工项目负责人。

工程总承包单位可以采用直接发包的方式进行分包。但以暂估价形式包括在工程总承包范围内的工程、货物、服务进行分包时，属于依法必须进行招标的项目范围且达到国家规定规模标准的，应当依法招标。建设单位不得迫使工程总承包单位以低于成本的价格竞标，不得明示或暗示工程总承包单位违反工程建设强制性标准、降低建设工程质量，不得明示或暗示工程总承包单位使用不合格的建筑材料、建筑构配件和设备。工程总承包单位应当对其承包的全部建设工程质量负责，分包单位对其分包工程的质量负责，分包不免除工程总承包单位对其承包的全部建设工程所负的质量责任。工程总承包单位、工程总承包项目经理依法承担质量终身责任。

建设单位不得对工程总承包单位提出不符合建设工程安全生产法律、法规和强制性标准规定的要求，不得明示或暗示工程总承包单位购买、租赁、使用不符合安全施工要求的安全防护用具、机械设备、施工机具及配件、消防设施和器材。工程总承包单位对承包范围内工程的安全生产负总责。分包单位应当服从工程总承包单位的安全生产管理，分包单位不服从管理导致生产安全事故的，由分包单位承担主要责任，分包不免除工程总承包单位的安全责任。建设单位不得设置不合理工期，不得任意压缩合理工期。工程总承包单位应当依据合同对工期全面负责，对项目总进度和各阶段的进度进行控制管理，确保工程按期竣工。

工程保修书由建设单位与工程总承包单位签署，保修期内工程总承包单位应当根据法律法规规定及合同约定承担保修责任，工程总承包单位不得以其与分包单位之间保修责任划分而拒绝履行保修责任。建设单位和工程总承包单位应当加强设计、施工等环节管理，确保建设地点、建设规模、建设内容等符合项目审批、核准、备案要求。

1.5.6 工程总承包管理方式的实践

一些省市积极推动工程总承包的实践，促进装配式建造方式设计、生产、施工及采购各环节深度融合，有力推动了工程管理方式的创新。以深圳市为例，2009 年，深圳市龙悦居项目探索采用代建总承包方式；2014 年开始试行装配式建筑联合体承包的方式，探索适合中国具体情况的 EPC 总承包模式；2017 年长圳项目采用 EPC 工程总承包和全过程咨询方式。

长圳项目是深圳市开展工程总承包的典型实践案例。深圳市在该项目上全面推行工程总承包模式，突破了规划设计、部品部件生产、施工管理之间互相分离的瓶颈，实行全过程咨询管理，采用建筑师负责制，积极推广装配式建筑、BIM 技术及智能化，是建设项目招标、建设、监管、移交及后期运维等全生命周期的重大技术与管理创新。长圳项目工程总承包实践经验如下：

(1)要求投标人的技术方案深度接近施工图设计深度。某投标单位利用 BIM 技术及在深圳市政府公共住房户型研究竞赛时的成果，投标时设计方案深度部分达到了施工图深度，包括土建工程、预制构件、装修工程等，机电安装也达到了初步设计的深度。其他投标单位的设计方案深度也基本达到初步设计的深度。由于技术方案的设计文件深度比较清晰，为准确报价奠定了基础，也为评标工作创造了有利条件。

(2)投标过程需要充分整合各方资源。由于投标难度非常大，投标工作质量的高低，充分体现了投标人工程总承包管理能力的强弱及投标人的资源整合能力和整体实力。在投标过程中，需要统筹设计方案人员、技术标编制人员、商务报价人员等各专业人员，同时，要联合构件生产和施工安装人员共同工作，合理制定构件生产和安装方案，资源整合和协调难度大。某投标单位组建了 200 多人的团队工作了近 3 个月才完成标书编制工作。

(3)实施过程践行设计、生产、施工一体化。中标单位中建科技集团有限公司采用 REMPC(Research 科研、Engineering 设计、Manufacture 制造、Procurement 采购、Construction 施工)五位一体工程总承包建造模式，推动实现全产业链无缝对接和项目整体效益最大化。优势主要体现在：科技创新工作有效地解决了工程建造管理过程中的节点连接技术和外围护等各种技术难题；一体化设计从设计前期就充分考虑预制构件加工的预留、预埋和现场施工装配的技术措施问题，避免了由于设计不合理造成的低效、重复施工；工厂制造通过不断优化工艺流程物料和成品储运的信息化管理，有效保证了构件质量和工作效率；物资采购工作从设计阶段就按照工程总体进度，采用精准化、规模化的集中采购，降低了采购成本。

(4)有丰富经验的团队担任全过程咨询方。该项目的全过程咨询单位具备丰富的装配式建筑技术经验，工程总承包团队和全过程咨询团队既可以有效监督制约，又能够理性协调，确保了整个项目实施达到预期效果。政府职能部门、建设单位、全过程咨询企业、总承包商之间的合同关系和监督协调关系如图 1-23 所示。

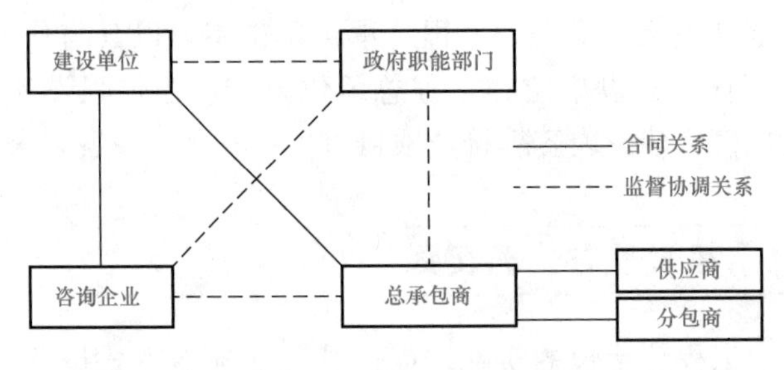

图 1-23　各方之间的合同关系和监督协调关系示意

第 2 章　装配式混凝土建筑施工准备

装配式混凝土建筑施工前的准备工作应在遵循建筑工程施工工序的前提下，结合装配式建筑的特点，充分考虑前期设计、预制构件生产、预制构件运输及现场装配等因素开展实施。同时，做好项目的组织管理安排、资源调配，协调好设计单位、预制构件生产单位、预制构件运输单位、预制构件吊装与项目施工单位、业主及监理单位等各方的关系，实现高效率、高质量施工，以获得良好的综合经济效益和社会效益。装配式混凝土建筑的施工准备主要包括施工图设计及实施准备、预制构件进场前准备、施工组织设计、施工方案及技术交底准备、施工组织管理、人员准备、场地准备、设备及材料准备和其他保证措施准备等。

2.1　施工图设计及实施准备

装配式建筑比传统现浇的项目更加注重与设计的协调。从施工层面上看，必须要时刻关注工程项目的设计。要能够充分了解设计的理念与意图，与设计部门相互协调配合，及时根据现场实际来优化设计。装配式建筑的设计必须充分结合施工现场的要求和建筑结构的功能，从而保证装配式建筑节点及建筑材料的质量。装配式建筑在设计及施工过程中，要充分考虑施工现场的施工条件，对现场施工困难和施工效率较低的构件进行集约化处理，以提高现场施工效率和施工质量。

在设计装配式建筑的构件时，还应充分考虑装配式建筑的具体安装流程和安装难度。为了提高装配式建筑质量，设计人员在进行设计之前，必须对项目进行实地考察和充分的了解。装配式建筑要做到主体装修过程的一体化、建筑工程中的结构与机电设备一体化，因此，设计单位要和施工单位达成一致，两者之间在开始设计和施工前，应进行深入讨论和研究，尽可能地提高建筑结构的建设标准和质量效果。进行设计时，要严格控制构件设计的科学性和合理性，综合考虑建筑物的分体结构及水电内装等部分的安装要求，可以在进行具体操作之前，采用 BIM 技术对设计效果进行模拟，以分析其可行性。

2.1.1　施工图准备

施工前应由具备相应设计资质的设计单位完成施工图设计工作，需组织完成外部图审并获得批准，同时，也要按照各地市要求完成相关装配率的论证审查。应优先采用 BIM 技术进行一体化设计，设计图纸除应满足建筑功能、安全等要求外，设计内容和深度还应满足预制构件制作详图编制和安装施工的要求，重点把控好预制构件排布、节点连接、接缝处理等。深化设计图、预制构件制作详图应依据设计施工图绘制，并需经原设计单位设计负责人签字确认。为有效保证设计的可行性、经济性，施工单位应在设计阶段提前介入，从施工角度提出建议并与设计人员协商，争取纳入设计成果(图 2-1)。

图 2-1 BIM 设计预制构件排布示意

2.1.2 施工图纸会审及设计交底

项目实施单位施工前应组织项目管理人员、专业技术人员及预制构件生产单位人员等对施工设计图进行图纸自审，并填写图纸自审记录，经整理归集后作为图纸会审的基础资料。建设单位应结合装配式混凝土建筑特点，在设计图纸发放后、工程项目施工前，组织设计单位、施工单位、监理单位和预制构件生产单位进行图纸会审，设计交底可与图纸会审合并组织。图纸会审与设计施工图具有同等效力。

1. 图纸会审范围

图纸会审范围包括设计单位出具的总平面图、各专业设计总说明、设计施工图等。

2. 图纸会审成员

图纸会审成员包括建设方现场负责人及其他技术人员、设计方总设计师、项目设计负责人及各专业的设计负责人、监理方项目总监及各专业监理工程师、施工方项目经理与项目总工、各专业技术负责人等。

3. 图纸会审组织及流程

图纸会审会议应由业主或监理主持，并做好会议记录及参加人员签字。图纸会审的一般程序是：业主或监理方主持人发言—设计方图纸交底—施工方、监理方代表提出问题—逐条研究、商定统一意见—形成会审记录文件—签字盖章后生效。

4. 图纸会审重点

图纸会审重点审查图纸内容是否完整、齐全，设计深度是否满足施工需要，各专业之间、全图与详图之间是否协调一致，是否使用限制或禁止使用的建筑材料等，尤其对装配式混凝土建筑的节点构造、预制构件应用、现浇连接等设计内容及预制构件的加工、运输、现场施工等方面进行审查，并进一步优化和完善设计内容。

5. 图纸会审记录

图纸会审各专业技术人员针对发现的问题或对图纸的优化建议，要以文字汇报材料分发会审人员讨论，并做出明确结论。对需要再次讨论的问题，在会审记录上明确最终答复日期。施工方及设计方应对所提出的和解答的问题做好记录，以便审核。图纸会审记录由施工方负责整理，由各方代表签字盖章认可后，分发各相关单位执行、归档。

6. 设计交底

设计交底应说明设计意图，解释设计文件，明确设计要求。设计交底应对施工单位和监理单位做出详细说明，使其正确贯彻设计意图，加深对设计文件特点、难点和疑点的理解，掌握关键部位的质量要求，特别是要对装配方面的设计、节点及接缝处理等进行重点交底。

2.1.3 图纸发放

施工单位应做好设计图纸及其他设计文件的收发管理工作，填制相应设计文件的接收记录、发放记录，并签字留存。

2.2 预制构件进场前准备

预制构件进场前应与预制构件生产单位对接，对预制构件的质量、进度提出要求，保证预制构件质量合格，生产进度满足现场施工要求。进场前需提前对运输路线进行调查，施工现场提前预留出仓储场地。预制构件要积极应用 BIM 信息化管理技术，实现在其设计、生产、仓储、运输、安装全生命周期中的实时信息化管理和监控。

2.2.1 预制构件生产准备

现场施工前，总包单位应做好与预制构件生产单位的对接，包括确定预制构件的生产数量，明确预制构件的质量要求，提出生产进度及分批出厂计划。总包单位要在预制构件深化设计阶段组织构件深化设计人员与设计单位各专业人员、构件生产单位、施工安装单位进行沟通，制定好构件模块形式、生产方案、运输机吊装方案，明确预制构件的预留预埋等事宜。预制构件制作前对带饰面砖或饰面板的构件，应绘制排砖图或排板图；对夹心外墙板，应绘制内、外叶墙板的拉结件布置图及保温板排板图。预制构件模具承载力、刚度、稳定性、尺寸偏差应符合要求，预埋件加工允许偏差及模具预留孔洞中心位置允许偏差应符合规定，具体参照《装配式混凝土结构技术规程》(JGJ 1—2014)相关内容。

预制构件在生产过程中，总包单位要做好驻厂协调和检查验收工作，在混凝土浇筑前对钢筋、预埋件、吊环、灌浆套筒、预留孔洞等进行隐蔽工程检查。预制构件外观质量不应有严重缺陷，对一般缺陷，应按技术方案进行处理，并应重新检验。预制构件允许尺寸偏差应符合《装配式混凝土结构技术规程》(JGJ 1—2014)相关要求。预制构件应按设计要求及《混凝土结构工程施工质量验收规范》(GB 50204—2015)进行结构性能检验。检查合格后，应在构件上设置表面标识，内容宜包括构件编号、制作日期、合格状态、生产单位等信息。预制构件进场应有出厂检验、产品质量证明文件等(图 2-2)。

图 2-2　预制构件工厂生产

2.2.2　预制构件运输及进场准备

预制构件在运输前，应制定预制构件的运输与堆放方案。其内容应包括运输时间、次序、堆放场地、运输路线、固定要求、堆放支垫及成品保护措施等。对于超高、超宽、形状特殊的大型构件的运输和堆放应有专门的质量安全保证措施。

1. 预制构件的运输

预制构件的运输车辆应满足构件尺寸和载重要求，装卸与运输时应符合下列规定：

(1)装卸构件时，应采取保证车体平衡的措施。

(2)运输构件时，应采取防止构件移动、倾倒、变形等的固定措施。

(3)运输构件时，应采取防止构件损坏的措施，对构件边角部或链索接触处的混凝土，宜设置保护衬垫。

2. 预制构件堆放

预制构件堆放应符合下列规定：

(1)堆放场地应平整、坚实，并应设有排水措施。

(2)预埋吊件应朝上，标识宜朝向堆垛间的通道。

(3)构件支垫应坚实，垫块在构件下的位置宜与脱模、吊装时的起吊位置一致。

(4)重叠堆放构件时，每层构件之间的垫块应上下对齐，堆垛层数应根据构件、垫块的承载力确定，并应根据需要采取防止堆垛倾覆的措施。

(5)堆放预应力构件时，应根据构件起拱值的大小和堆放时间采取相应措施。

3. 运输路线的踏勘

运输路线的踏勘内容如下：

(1)运输道路的路况。

(2)运输道路限宽、限高情况。

(3)运输道路、桥涵、隧道的载重情况。

(4)运输道路转弯半径情况。

(5)其他影响构件运输的情况，如限行要求等。

4. 预制构件进场前准备

预制构件进场前还应做好以下准备工作：

(1)确定运输车辆行进路线、站位及起重机装卸站位。

(2)构件临时堆场的设置。

(3)吊装夹具及存放架等机具的准备等。

预制构件进场前，应做好进场检查验收的准备工作，施工人员应提前熟悉设计图纸，对工程项目采用的构件类型、尺寸、埋件位置等做好检查核对和确认准备，如图 2-3 所示。

图 2-3　预制构件运输及进场验收

2.3　施工组织设计、施工方案及技术交底准备

2.3.1　施工组织设计编审

装配式混凝土建筑施工应与设计、生产相结合，协同建筑、结构、围护、设备管线、装饰装修等专业要求，整体进行策划，编审施工组织设计。

1. 施工组织设计编制原则

(1)施工组织设计应遵循《装配式混凝土建筑技术标准》(GB/T 51231—2016)、《装配式混凝土结构技术规程》(JGJ 1—2014)等标准规范。

(2)施工组织设计应遵循工程设计文件及施工合同的要求，准确理解并把握装配式混凝土建筑的施工特点、设计意图、建筑功能、技术标准、质量要求等内容。

(3)施工组织设计应结合工程现场条件、工程及水文地质条件、气象条件等自然条件编制。

(4)施工组织设计应结合企业自身生产能力、技术水平及装配式混凝土构件生产、运输、吊装等工艺要求，制定工程主要施工措施及管理目标。

施工组织设计的编制应按《建筑施工组织设计规范》(GB/T 50502—2009)的要求进行，并按照相关规定由施工单位、监理单位等相关责任人员审批签字后方可实施。施工组织设计编制内容具体包括编制依据、工程概况、施工部署、施工进度计划、施工准备与资源配置计划、主要施工方法、施工总平面布置及主要施工管理计划等。各项内容编制除与常规现浇建筑要求一致外，还应结合装配式混凝土建筑施工特点进行特别说明。

2. 施工组织设计内容

(1)编制依据。除常规建筑需要的编制依据外，还应增加国家或当地政府对装配式建筑的政策文件及通知要求、装配式混凝土建筑的相关标准规范和图集、涉及本项目的装配率论证审查等文件。

(2)工程概况。除一般性概况外，应特别注明本项目采用的装配式混凝土建筑结构体系、装配率、预制构件种类、数量及对应构件质量、装配化装修及CSI体系的应用说明等相关信息。

(3)施工进度计划。应结合装配式混凝土建筑特点，从施工图设计、预制构件深化设计、预制构件生产、运输、进场、吊装、支模后浇、装饰装修等全过程考虑，形成总进度计划，并对各分部分项工程进行进度计划分解，做到设计、制造、施工的高效穿插和有序衔接。

(4)施工准备与资源配置计划。施工准备包括深化设计、技术准备、构件存放准备、吊装准备、资源准备、现场施工准备及资金准备等。深化设计包括设计图纸深化和施工措施深化。设计图纸深化包括各类电气管线预留孔洞、装饰装修及施工的预埋预留等；技术准备包括标准规范准备、图纸会审及构件排布准备、分部分项工程及检验批的划分、配合比设计、定位桩接收和复核、施工方案技术文件准备等；构件存放准备包括各类预制构件的存放场地、存放要求及存放工装夹具准备等；吊装准备包括定位钢板、吊装钢梁、钢丝绳吊索及附件、鸭嘴吊具等装配式工具的配置准备、施工测量放线准备等；资源准备包括机械设备准备、劳动力准备、工程用材准备、试验与计量器具准备及其他施工设施的准备等；现场准备包括施工大临设置、任务安排、三通一平、堆场、道路等的准备。

资源配置计划应包括劳动力配置计划、物资配置计划等。其中，劳动力配置计划除常规人员外，还应重点考虑预制构件吊装作业人员及灌浆工等的配置；物资配置计划除常规施工物资外，重点考虑预制构件吊装机械、吊装夹具工装、存放架、七字码、灌浆料、灌浆泵、斜支撑、支撑架等的配置计划。

(5)主要施工方法。除传统现浇施工方法外，应结合装配式混凝土建筑特点，对预制构件制作、预制构件运输、预制构件吊装、灌浆施工、节点后浇处理、轻质内隔墙施工、接缝处理、装配化装修等工序进行施工方法的描述。

(6)施工总平面布置。结合装配式混凝土建筑工程特点，对施工现场总平面进行布置管理。施工现场平面布置时，要重点考虑垂直运输机械(塔式起重机、外梯等)位置及覆盖范围；构件卸车、存放位置；现场预制构件运输路线及流向；场地出入口位置；其他设备材料堆场位置；模板及钢筋加工位置等。

(7)主要施工管理计划。主要施工管理计划包括进度管理计划、质量管理计划、安全管理计划、环境管理计划、成本管理计划及其他管理计划等内容。各项管理计划在考虑原有传统现浇施工因素基础上，要重点关注预制构件、现场装配等因素对管理计划的影响。

2.3.2 专项施工方案编审

装配式混凝土建筑施工前应制定《装配式混凝土建筑预制构件安装工程安全专项施工方案》。专项施工方案应包括工程概况、编制依据、进度计划、施工场地布置、预制构件运输与存放、安装与连接施工、绿色施工、安全管理、质量管理、信息化管理、应急预案等内容。

根据住房和城乡建设部《危险性较大的分部分项工程安全管理规定》(住建部令第37号)和住房城乡建设部办公厅关于实施《危险性较大的分部分项工程安全管理规定》有关问题的通知(建办

质〔2018〕31号)文件的规定，装配式建筑混凝土预制构件安装工程已列入危险性较大的分部分项工程范围，因此，在施工前需要编制《装配式混凝土建筑预制构件安装工程安全专项施工方案》，由施工单位技术负责人审核签字并加盖公章，由总监理工程师审查签字并加盖执业印章后实施。

装配式混凝土建筑施工中采用的新技术、新工艺、新材料、新设备，应按有关规定进行评审、备案。施工前，应对新的或首次采用的施工工艺进行评价，并制订专门的施工方案，施工方案经监理单位审核批准后实施。

2.3.3 技术交底

技术交底是指在单位工程开工前，或分项工程施工前，由相关专业技术人员向参与施工的人员进行的技术性交代。其目的是使施工人员对工程特点、技术质量要求、施工方法与措施和施工安全等方面有一个较详细的了解，以便科学地组织施工，避免技术质量等事故的发生。技术交底可分为施工组织方案技术交底、分部分项工程施工技术交底、安全技术交底等。

工程项目实施前，应做好技术交底的策划实施工作，包括明确交底类别、交底时间、交底人、交底对象、交底内容等，针对装配式混凝土建筑的技术交底要重点体现预制构件的装卸、存放、吊装、节点和接缝处理等。技术交底应以书面形式进行，并填写相应交底记录，经相关人员签字后存档管理。

为便于施工人员进行操作，对具体操作步骤及施工要点有直观的感受，可采用BIM技术三维虚拟演示进行交底，采用信息化技术服务施工现场，减少现场质量及安全问题的发生。必要时，应在施工现场制作各工序施工示范样板(图2-4)，通过样板实体进行交底。

图2-4　施工工序示范样板

2.4 施工组织管理

2.4.1 项目管理机构及制度建设

工程开工前，应按工程规模组织成立项目管理机构，设置项目经理、技术负责人、质量负责人、施工经理、安全经理及工程管理部、技术质量部、经营管理部等相关管理部门，负责项目管理工作。在项目管理机构中，应按照装配式混凝土建筑专业要求配备相应专业技术人员，同时，应组织项目管理机构人员进行相应装配式建筑方面的教育培训工作，做好教育培训记录(图2-5)。

项目管理机构成立后，应根据项目特点编制项目的施工组织设计方案管理办法、质量管理办法、技术交底管理办法、教育培训管理办法等各项管理制度办法。

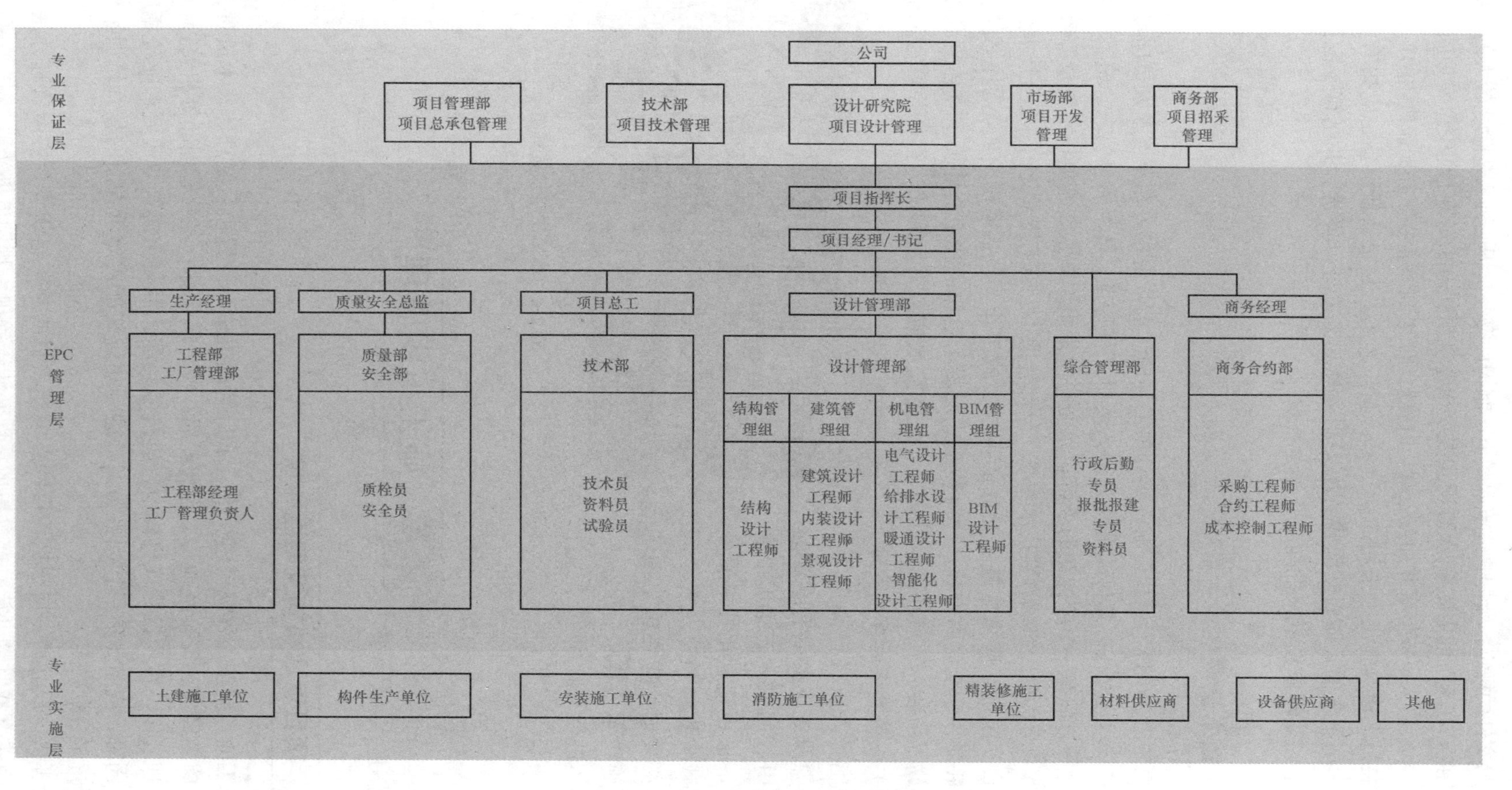

图2-5　某项目组织机构图

2.4.2 施工阶段及分部分项工程划分

根据工程总承包合同、施工图纸及现场情况，将工程划分成不同施工阶段，如基础与地下室结构施工阶段、地上现浇结构施工阶段、地上装配结构施工阶段、围护结构施工阶段、管线设备安装阶段、装饰装修施工阶段、室外工程施工阶段、竣工验收阶段等。同时，应按照现行国家标准《建筑工程施工质量验收统一标准》(GB 50300—2013)的有关规定进行单位工程、分部工程、分项工程和检验批的划分。

2.4.3 专业分包及施工流水段划分

根据装配式混凝土建筑工程项目的内容及特点，在工程施工前，应确定施工作业模式，工程主体结构部分应由总包单位实施，其余专业工程可经业主同意后进行专业分包，专业分包单位应具有相应的工程施工资质，并经总包单位考核准入后经专业分包招标确定。

为提高工程施工效率，根据项目特点及专业分包方式、作业班组数量等采用平行或交叉方式合理划分流水线和施工流水段。如在 n 层预制构件吊装时，可同时进行 $n-1$ 层的现浇部分施工作业、$n-5$ 层的轻质内隔墙施工、$n-10$ 层的装饰装修作业等；或按照整个项目的单位工程或分部工程划分为不同的作业流水段平行施工。

工程施工前，应会同预制构件生产单位在满足现场预制构件安装顺序的基础上确定预制构件生产顺序、装车运输顺序，避免构件未加工或装车顺序错误而影响现场施工进度。

2.4.4 劳动力准备

结合装配式混凝土建筑的施工特点，按照劳动力配置计划组织落实人员配备准备工作。施工前，应根据专业工程分包或作业班组建设情况，根据进度计划要求、关键工作节点等做好劳动力分阶段配备进场准备。对于特殊工种如起重机司机、司索工、信号指挥工、电工、焊工、架子工等应要求持证上岗，同时，应对进场作业人员提前进行实名制登记和教育培训，对涉及关键工序的预制构件吊装人员、现场装配人员、灌浆操作人员等要进行有针对性的专项培训和交底，明确工艺操作要点及施工操作过程中的注意事项，同时应制定相关措施制度，保证此类人员的相对固定。对于没有装配式结构施工经验的施工单位而言，应要求操作人员在样板间进行试安装，管理人员现场监督。

吊装是影响安装质量及安全的重要因素，吊装小组应配备司索工和信号工，组员相互配合，各司其职，做好吊装前的准备及调试工作。吊装小组成员组成及分工如图 2-6 所示。

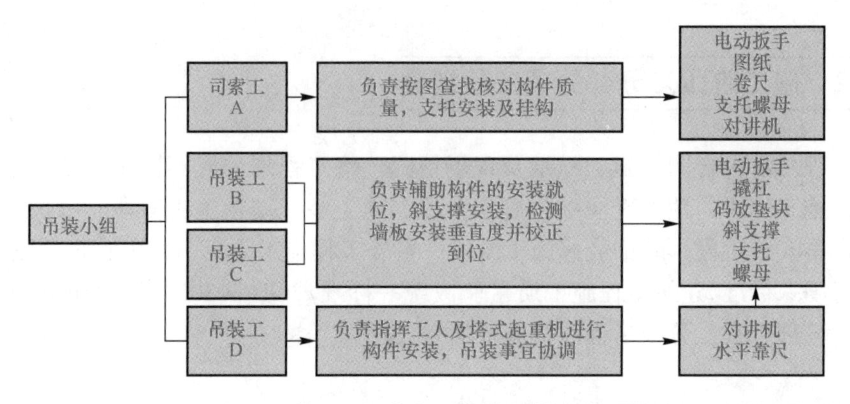

图 2-6　某项目吊装小组成员组成及分工图

2.5　项目部临时设施及场地准备

在装配式混凝土建筑工程施工前，应做好项目部临时设施及施工场地平面布置策划工作，项目部临时设施应采用拆装式建筑、装配式围墙等。现就与装配式混凝土建筑紧密相关的场地布置要点说明如下。

2.5.1　项目部临时设施及场地平面布置

平面布置应包括建筑红线位置、各建筑单体位置、施工大临位置、预制构件堆场位置、起重机械位置、预制构件吊装场地、现场道路位置及车流路线、出入口位置、材料和设备设施存放位置、钢筋及模板加工区域位置、生活区、办公区等的布置。现场平面布置示意如图 2-7(a)所示。场地布置前需收集工程总平面图、施工方案、施工组织设计等资料，根据以上资料及构件位置、类型、质量等，首先对起重机械进行选型，然后根据预制构件质量与其安装部位相对关系进行道路与堆场布置，经综合考量，确定塔式起重机布置、道路布置、堆场布置。

2.5.2　预制构件运输流线布置

由于预制构件运输的特殊性，需要对运输道路坡度、转弯半径及其行进路线进行综合设置控制。场内道路宽度需要满足构件运输车辆的双向开行及卸货起重机的支设空间，道路平整度和路面强度还需满足起重机吊运大型构件时的承载力要求。

2.5.3　施工现场构件堆场布置

构件堆场设计，要同构件生产单位协调，在生产能力大，现场存储能力较小的情况下，应尽可能采用在运输车上直接起吊安装；如果由于工程产能小或现场储存能力大，则要考虑在施工现场设置堆放场地。如设置堆放场地时，尽量以满足一周施工需要为宜，并应按预制构件规格、品种、使用部位、吊装顺序等分类存放[图 2-7(b)]，存放场地设置在吊装设备的有效起重范围内，并按吊装顺序及流水段靠近且平行于临时道路排列。预制楼梯、预制剪力墙、叠合楼板等重型构件宜靠近塔式起重机中心存放，预制阳台、预制空调板等较轻构件可存放在起吊范围内的较远处。场地平面布置应随工程进展方便进行调整。

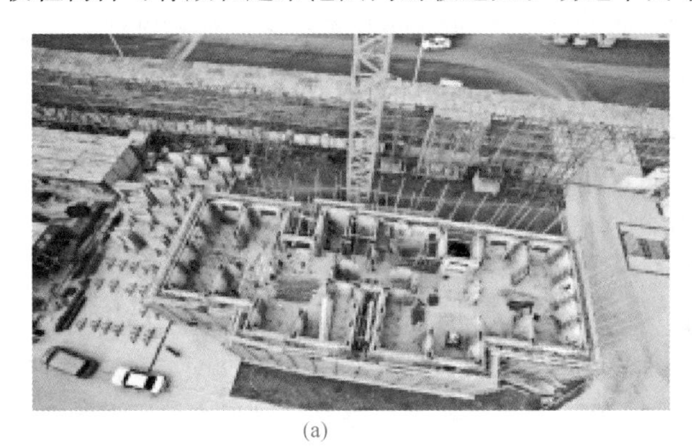

(a)

(b)

图 2-7 现场平面布置及构件堆放场地

(a)现场平面布置示意；(b)施工现场构件堆放场地

2.5.4 生活区布置

生活区与办公区的布置应与生产区分开，尽量设置在安全区域，如设置在塔式起重机吊装范围内应有防砸措施，生活区及办公区配套设施应完善，满足基本生活办公需求。生活区应采用拆装式建筑及其装配式地面等。

2.6 设备和材料准备

装配式混凝土建筑施工前的设备、材料准备，主要包括机械设备、周转料具、预制构件、安装用材料等，并应制订相应的设备、材料使用计划及进场计划。与现浇建筑相同的设备材料准备在此不再赘述。现针对装配式混凝土建筑相关的设备、材料准备提出相应注意事项。

2.6.1 机械设备准备

装配式混凝土建筑工程施工前应特别注意现场预制构件装卸及构件装配吊装的起重机械设备准备工作。起重机械设备的选型和布置要兼顾效率与经济性，塔式起重机顶升和附着要与施工紧密配合，必要时在现场或堆场可配备汽车起重机加以辅助。结合装配施工特点，对需要配置的起重机械设备及其他相应施工配套机械介绍如下。

1. 起重设备选型

装配式混凝土建筑的结构构件是工厂预制、现场拼装，要综合考虑构件的质量、吊装效率和施工成本进行起重设备的选型。一是考虑工程的特点，根据工程平面分布、长度、高度、宽度、结构形式等确定设备选型；二是工程量，充分考虑工程量的大小，决定选用的设备型号；三是构件质量及位置，根据最重预制构件质量及最远构件进行塔式起重机选型，根据其余构件质量、模板质量、混凝土吊斗质量及其与塔式起重机的相对关系对已经选定的塔式起重机进行校验；四是施工项目的施工条件，包括现场道路条件、周边环境条件、现场平面布置条件等。优先统筹考虑起重量大、精度高的起重设备，如移动式汽车起重机[图 2-8(a)]、塔式起重机[图 2-8(b)]。

施工作业前，应对吊装设备的吊装能力进行复核。按照《建筑机械使用安全技术规程》(JGJ 33—2012)的有关规定，检查复核吊装设备及吊具是否处于安全操作状态，并核实现场环境、天气、道路状况等满足吊装施工要求。

2. 手持式浆料搅拌器和手动灌浆枪

钢筋套筒灌浆连接接头，钢筋浆锚搭接连接接头应及时灌浆，灌浆料采用手持式浆料搅拌器[图 2-9(a)]搅拌均匀，将拌合好的浆液导入灌浆泵[图 2-9(b)]，启动灌浆泵，待灌浆泵嘴流出浆液呈线状时，将灌浆嘴插入预制剪力墙预留的灌浆孔进行灌浆。对于连接区域水平钢筋全灌浆套筒灌浆作业，应在相邻两个拆分构件安装就位后安装全灌浆套筒，然后开始绑扎此部位钢筋，在此连接区域内完成钢筋绑扎作业后开始灌浆作业，采用手动灌浆枪[图 2-9(c)]进行注浆作业，检查孔内凝固浆料的位置，浆料上表面应高于出浆孔下缘5 mm 以上，查看完毕符合要求的再进行出浆孔封堵，若有不满足要求的需要采用手动灌浆枪进行补灌作业。

(a)

(b)

图 2-8　起重式

(a)移动式汽车起重机；(b)塔式起重机

(a)

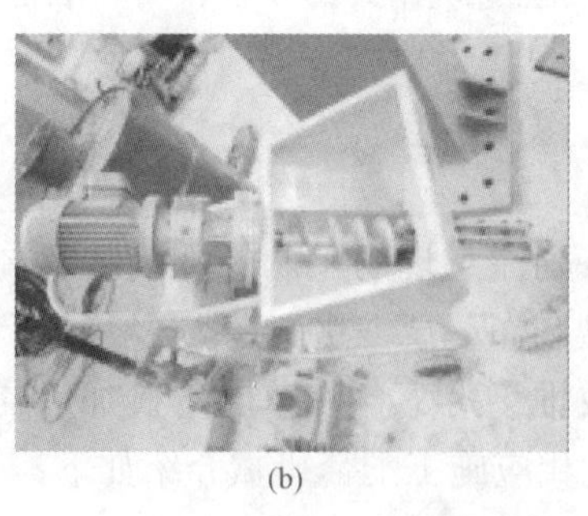

(b)

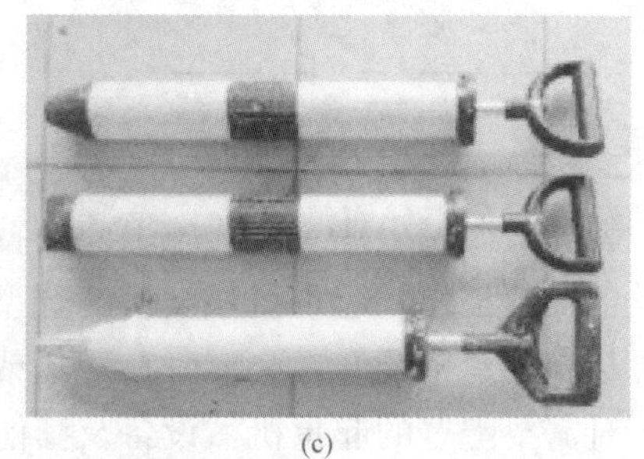

(c)

图 2-9　搅拌灌浆设备

(a)手持式浆料搅拌器；(b)灌浆泵；(c)手动灌浆枪

3. 曲臂车和剪刀式升降平台

高处作业时，为便于施工，可使用曲臂车[图 2-10(a)]、剪刀式升降平台[图 2-10(b)]。

(a)

(b)

图 2-10　高处作业设备

(a)曲臂车；(b)剪刀式升降平台

4. 平板运输车和楼层小型起重设备

当规划有构件堆场且构件堆场与安装部位距离较远时，需要采用平板运输车[图 2-11(a)]进行运输；装配式建筑部品安装可使用楼层小型起重设备[图 2-11(b)]进行起重安装。

(a)

(b)

图 2-11　平板运输车和楼层小型起重设备

(a)平板运输车；(b)楼层小型起重设备

2.6.2　周转料具准备

装配式混凝土建筑施工宜采用工具化、标准化的工装系统。对于一些装配式混凝土建筑特有的施工工具，应按需配备并检验。常用的周转料具包括存放架、七字码、调节斜支撑、独立支架、吊装平衡梁、工具式外防护架、悬挑式操作架、灌浆泵、封仓条等，如图 2-12 所示。其中，构件的存放架应具有足够的抗倾覆性能，工具式外防护架应试组装并全面检查，附着在构件上的防护系统应复核其与吊装系统的协调性，防护架应经计算确定。

(a)

(b)

(c)

图 2-12　周转料具

(a)存放架；(b)斜支撑；(c)悬挑式操作架

2.6.3　安装用材料准备

预制构件安装用材料及配件，主要包括灌浆料、坐浆料、密封胶条、耐候密封胶、预埋管线等，安装用材料应符合现行国家有关标准及产品应用技术手册的规定，要做好进场计划并应按照现行国家相关标准的规定进行进场验收。进场材料、构件满足检测指标的同时，投入使用前施工单位应自检，监理单位应验收合格。

2.7　进度安全质量等准备措施

装配式混凝土建筑施工前，应制定相应的进度保证措施、质量保证措施、安全保证措施、成品保护措施、成本控制措施、季节性施工保证措施等工艺措施文件，以保证项目的顺利实施。各类保证措施可以在施工组织设计中明确制定，规模较大的工程项目也可以制定专项保证措施。

2.7.1　进度保证措施

为促进工程项目进度管理，在施工前应制订相应的进度管理计划，明确其中的进度管理目标、进度管理机构职责，并针对项目特点制定相应保证措施和管理机制。

进度管理计划应注意预制构件生产与现场施工的交叉安排，也应注意后续预制构件吊装、现浇作业、围护结构实施、设备管线安装、装饰装修施工等在时间和空间上的顺利衔接。编制进度计划时，要根据工程的总进度计划编制装配式结构安装施工进度计划，预制构件生产制造单位应根据结构施工进度计划编制构件生产计划、构件运输计划，以保证构件能够连续供应。

进度保证措施中应明确进度目标逐级分解、进度管理机构及其职责规定、进度目标考核管理、具体施工组织及技术措施、合同中约定进度目标、进度协调及进度纠偏管理等。

2.7.2 质量保证措施

为促进工程项目质量管理，在施工前应制订相应的质量管理计划，明确其中的质量管理目标及其分解、质量管理机构及其职责，并针对装配式混凝土建筑项目施工特点制定相应技术和资源保障措施及质量检查验证制度等，如预制构件的进场验收管理制度、预制构件的装配质量控制措施、灌浆质量控制措施、预制构件间节点处理质量控制措施及预制构件间接缝处理控制措施等。

2.7.3 安全保证措施

为促进工程项目安全管理，在施工前应制订相应的安全管理计划。其内容主要包括安全管理目标及其分解、安全管理机构及其职责、安全管理资源配置、安全管理及安全教育培训制度、针对重要危险源的安全技术措施、季节性安全技术措施、危大工程安全专项技术措施及相应安全检查制度等。安全管理措施要充分结合装配式混凝土建筑施工特点重点关注预制构件卸车、预制构件存放、预制构件吊装、预制构件调整固定等的作业安全控制管理。并由项目安全管理委员会统筹各职能部门形成完整的安全责任制、安全工作体系、安全教育、安全控制、安全检查规定等，如图 2-13 所示。

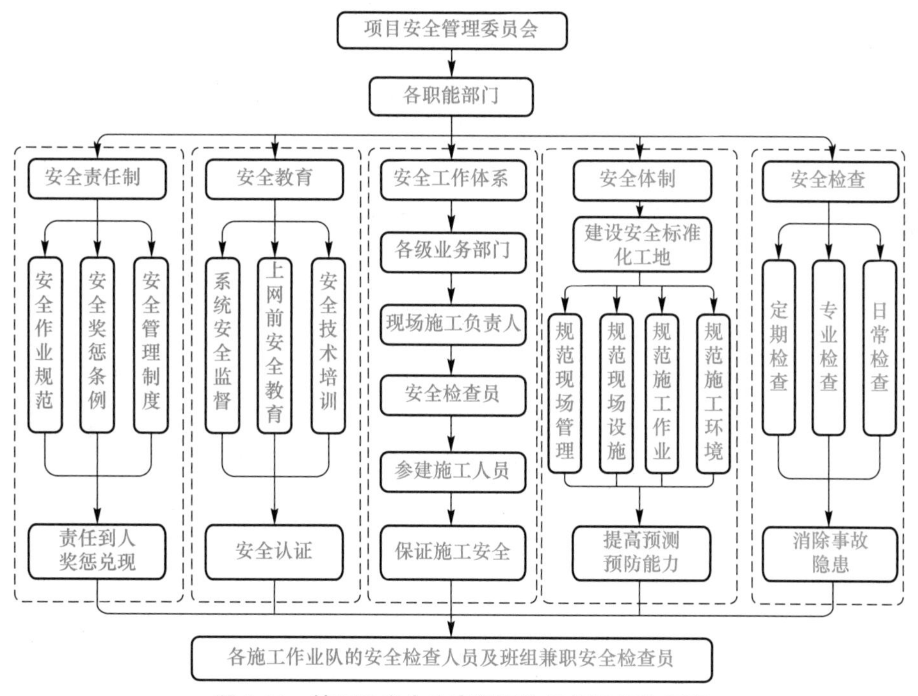

图 2-13　某项目安全生产保证体系组织机构示意

2.7.4 成品保护措施

鉴于装配式混凝土建筑预制构件装配的特点，为减少损失，确保工期和质量，施工前应制定预制构件成品保护措施。预制构件成品保护措施应包括预制构件运输保护、存放保护、吊装保护及装配后保护等。

2.7.5 成本控制措施

为保证项目实施的经济性，应在施工前制订成本管理计划。其内容主要包括基于预算的成本管理目标及其分解、成本管理机构与其职责、采取的技术、组织及合同，必要的纠偏措施和风险控制措施等。

2.7.6 季节性施工保证措施

根据建筑工程项目实施的工期进度计划，编制对应的季节性施工保证措施，包括冬期施工保证措施、夏期高温施工保证措施、雨期施工保证措施等。各项保证措施所采用的方法应保证预制构件后浇部分、灌浆施工、接缝密封施工等在规范允许的温度、湿度范围内作业，以保证施工质量。

第3章 材料的采购、验收和保管

装配式混凝土建筑的材料采购、验收和保管，包括施工材料计划、材料采购依据与流程、材料验收和材料保管等。本章主要以装配式混凝土建筑工程施工为研究对象，重点阐述区别于现浇结构的装配式混凝土建筑工程专用的材料与配件的采购、验收和保管，如坐浆料、灌浆料、堵浆胶塞、灌浆堵缝材料、灌浆套筒、调整标高螺栓或垫片、临时支撑部件、固定螺栓、安装节点金属连接件、吊具、密封胶条、密封胶、保温材料、修补料、防火塞缝材料等。

3.1 施工材料采购

应根据施工进度计划和施工平面图(含深化设计图)编制详细的材料采购、进场、验收、储存管理计划，进场时间应计划到日。因施工过程中用到的材料和配件复试周期可能较长，且项目周边可能没有生产厂家，在材料采购计划中应考虑材料复试周期和运距等因素。材料计划应考虑季节、气候等不同的施工环境因素，确保特殊环境下的相关材料的性能与环境的匹配性。

3.1.1 材料供应商的选择

总承包单位可与建设、设计、监理单位协商选择材料供应商，对材料供应商的质量保证情况进行考核，验证其各项指标的保证能力，实行优中选优，切实把好材料的质量关。材料供应商的选择采用评分制进行考核，评分低于规定值禁止使用。应对考察材料进行产品封样管理，产品品质低于封样的产品禁止使用。对于采用材料备案制的地区，应严格材料备案制度，严禁使用未经备案或超过备案有效期的材料。对于有匹配性要求的材料，选择供应商时应综合考虑其相关材料之间的共同工作性能。

3.1.2 材料供应

(1)应按照“超前准备、及时供应”的原则，根据施工进度计划列出月、周材料和构件需求计划，提前上报材料采购负责人预订采购。

(2)所有进场材料都应满足相关产品规范的要求，每批材料都应有出厂合格证，并根据施工规范要求做材料性能检测试验，不合格的材料坚决不允许进场。

3.1.3 材料与配件采购

(1)项目开工前，由经营部门依据施工图纸、年度生产进度计划、施工预算编制项目材料总体采购计划。根据材料与配件型号及数量，依据施工进度计划时间及各施工段的用量制订采购计划。

(2)根据当地材料市场情况，确定外地定点采购与当地采购的计划。

(3)外地进行材料和配件的采购，需列出清单，根据厂家生产周期、运输周期，提前制订采购计划。

(4)对于有保质期的材料，需按照施工进度计划确定每批采购量。

(5)对于有检测复试要求的材料，需考虑复试时间与使用时间的相互关系。

(6)使用物资管理信息化系统的，及时将计划录入信息化系统。

(7)应根据实际实施进度及时按月编制及调整月度材料采购计划，要准确反映材料属性和需用时间，严格控制需用计划量，不得超出材料总体采购计划内材料量。

3.2 材料采购依据与流程

3.2.1 材料采购依据

(1)材料与配件采购计划；

(2)材料管理制度；

(3)设计文件及相应的规范、标准、图集要求；

(4)合同约定。

3.2.2 材料采购流程

工程材料采购监控关键环节主要有编制月度材料采购计划(关键环节 1)、材料采购(关键环节 2)、材料进场验收(关键环节 3)、材料款结算及核算(关键环节 4)。其他环节也应按流程严格把控。

1. 编制月度材料采购计划

编制月度材料采购计划是第一个关键环节。编制月度材料采购计划的负责人为项目材料负责人，主要措施如下：

(1)项目材料负责人施工现场生产情况，按照施工图纸、施工任务、施工进度计划编制材料、构配件、设备采购计划。

(2)月度材料采购计划应由生产负责人和经营负责人共同核定，项目负责人复核后开出书面采购单，并附计划工程量清单。

(3)材料采购申请须充分考虑审批、采购和检测时间，原则预留时间不少于 5 d，异地采购应预留 10 d 以上，以确保材料及时得到采购。

2. 材料采购

材料采购是第二个关键环节。材料采购的负责人是采购部负责人，主要措施如下：

(1)采购单内容应清晰、明确，采购员对采购内容应核对清楚，了解型号、技术指标、需求时间及数量等。

(2)采购人员考察材料供销行情后编制详细的材料考察清单，真实记录材料的生产厂家、地址、联系人、联系方式、材料价格等信息，并签字确认。

(3)采购流程：项目经理部材料负责人填写采购单—采购审核并签字确认—交于项目经理审批签字确认—询价—签署采购合同—货款申请单—财务付款并确保付款凭证—送货单签字确认(需项目负责人先确认)—归档。

3. 材料进场验收

材料进场验收是第三个关键环节。材料进场验收的负责人是施工现场材料负责人，主要措施如下：

(1)材料到场时，材料责任人必须亲自到现场验收，卸车后方可签字确认。

(2)施工现场负责人随时抽查材料的质量，如发现进场材料不合格，及时告知采购负责人，采购上报公司领导对责任人做相应处理。

4. 材料款结算及核算

材料款结算及核算是第四个关键环节。材料款结算及核算的负责人是项目负责人、采购、公司领导。主要措施如下：

(1)采购结算人员结算的材料数量须与项目上报的材料数量一致，或少于上报的数量，方可结算。

(2)制订采购合同时，应通过制定严格的合同条款措施来控制材料款的支付及结算。

(3)结算完单据须由项目负责人、材料负责人审核。

材料采购流程如图 3-1 所示。

3.3 材料验收

材料进场应按照工程相应部位“现场材料平面堆放布置图”，提前为进场材料合理安排库房。验收确认无误后，填写“材料入库单”，不允许出现自制或后补的入库单及直入直出单。

构件与材料进场必须进场检验，检验内容包括但不限于数量、规格、型号检验、产品合格证、使用说明书、产品质量检测报告(包括出厂检测和型式检验)和外观检验等。进场检验合格的材料在监理的见证下送检复试，复试合格后方能投入使用。

需要进行进场复试的材料，应填报《复试通知单》，送有资质的检测单位进行复试，复试合格后方可投入工程使用。复试不合格材料应立刻封存并及时通报材料采购人员，留存检测记录，提出书面质量异议后，做相关处理工作。

材料复试，需同步建立材料复验台账。材料员接到验证合格报告后，及时办理材料入库手续及登记工作。进场材料经检测不合格的，材料员应做好不合格材料记录，建立检测不合格材料台账，并将不合格情况向项目技术负责人报告。

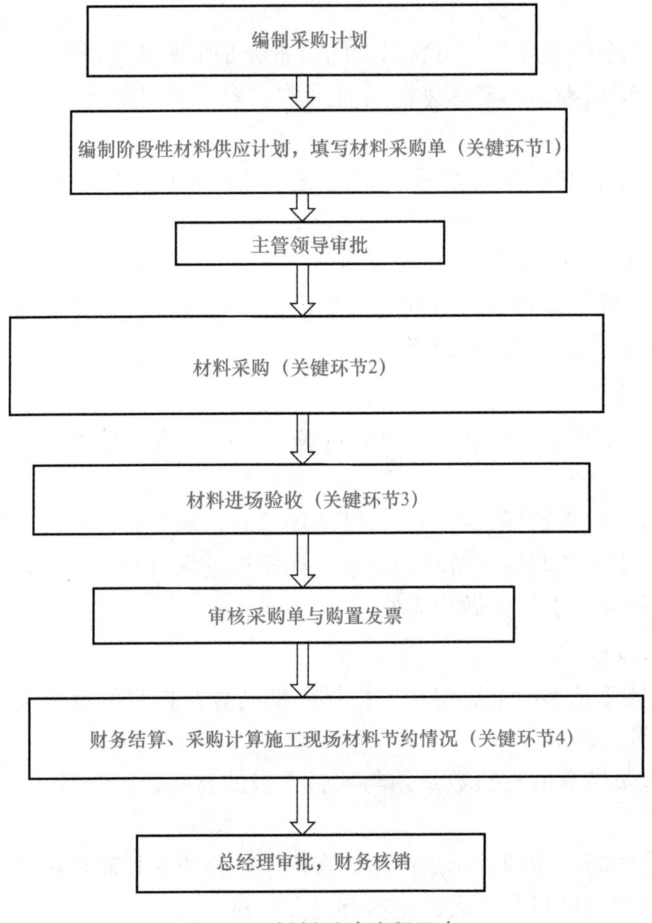

图 3-1　材料采购流程示意

3.3.1　钢筋连接用套筒灌浆料的验收

钢筋连接用套筒灌浆料主要用于填充灌浆套筒内与连接钢筋之间的间隙，有效传递连接钢筋的拉压力。其是以水泥为基本材料，配以细骨料、混凝土外加剂和其他材料组成的干混料，加水搅拌后具有规定的流动性、早强、高强、微膨胀等性能指标，应按照相关标准进行验收，并妥善保管储存。验收时需满足以下要求：

(1)采用钢筋连接用套筒灌浆料产品的性能符合设计要求；

(2)钢筋连接用套筒灌浆料产品需包装完整无破损，产品应在保质期内使用，超过保质期的产品不得用于工程；

(3)钢筋连接用套筒灌浆料应与灌浆套筒型式检验报告中用的灌浆套筒相匹配；

(4)钢筋连接用套筒灌浆料性能应符合《钢筋套筒灌浆连接应用技术规程》(JGJ 355—2015)和《钢筋连接用套筒灌浆料》(JG/T 408—2019)的规定；

(5)检验项目参见表 3-1～表 3-4。

表 3-1　钢筋连接用套筒灌浆料检验项目

检测项目		性能指标
流动度/mm	初始	≥300
	30 min	≥260
抗压强度/MPa	1 d	≥35
	3 d	≥60
	28 d	≥85
竖向膨胀率/%	3 h	0.02～2
	24 h与3 h差值	0.02～0.4
	28 d自干燥收缩/%	≤0.045
氯离子含量/%		≤0.03
泌水率/%		0

表 3-2　低温型钢筋连接用套筒灌浆料抗压强度要求

时间(龄期)	抗压强度/(N·mm^{-2})
−1 d	≥35
−3 d	≥60
−7 d+21 d	≥85
注：−1 d、−3 d表示在−5 ℃条件下养护1 d、3 d，−7 d+21 d表示在−5 ℃条件下养护7 d后转标准养护条件养护至28 d。	

表 3-3　低温型钢筋连接用套筒灌浆料竖向膨胀率要求

项目	竖向膨胀率/%
3 h	0.02～0.40
24 h与3 h差值	0.02～0.40

表 3-4　低温型钢筋连接用套筒灌浆料拌合物的工作性能要求

项目		工作性能要求
流动度/mm	−5 ℃初始	≥300
	−5 ℃，30 min	≥260
	8 ℃初始	≥300
	8 ℃，30 min	≥260
泌水率/%		0

钢筋连接用套筒灌浆料应当与灌浆套筒配套选用；应按照产品设计说明所要求的用水量进行配置；按照产品说明进行搅拌；灌浆料使用温度不宜低于 5 ℃。

3.3.2 坐浆料的验收

坐浆料用于预制剪力墙底部接缝处，应具有良好的粘结性、早强、无收缩、微膨胀等性能。坐浆料在选用时应进行试验验证，确保符合现行国家标准与行业标准。

3.3.3 钢筋连接用灌浆套筒验收

钢筋连接用灌浆套筒进场时，应根据产品说明书和型式检验报告进行验收，验收内容主要包括检查材质单、产品合格证、外形尺寸检验、外观完整性检查，投入使用前应按照《钢筋套筒灌浆连接应用技术规程》(JGJ 355—2015)的要求进行工艺检验。

(1)检查材质单，材质报告应符合《钢筋连接用灌浆套筒》(JG/T 398—2019)的要求。

(2)厂家出具的产品合格证。

(3)外形尺寸检验。检验项目见表 3-5。

表 3-5　钢筋用灌浆套筒检验项目

序号	项目	灌浆套筒尺寸偏差					
		铸造灌浆套筒			机械加工灌浆套筒		
1	钢筋直径/mm	10～20	22～32	36～40	10～20	22～32	36～40
2	内、外径允许偏差/mm	±0.8	±1.0	±1.5	±0.5	±0.6	±0.8
3	壁厚允许偏差/mm	±0.8	±1.0	±1.2	±12.5%t 或±0.4 较大者取其中较大者		
3	长度允许偏差/mm	±2.0			±1.0		
4	最小内径允许偏差/mm	±1.5			±1.0		
5	剪力槽两侧凸台顶部轴向宽度允许偏差/mm	±1.0			±1.0		
6	剪力槽两侧凸台径向高度允许偏差/mm	±1.0			±1.0		
7	直螺纹精度	GB/T 197 中 6H 级			GB/T 197 中 6H 级		

(4)检查数量：同一批号、同一类型、同一规格的灌浆套筒，检验批量不应大于 1 000 个，每批随机抽取 10 个灌浆套筒。检验方法为观察、尺量检验。

(5)使用前应检查灌浆套筒的外观完整性，重点检查机械加工套筒的灌浆嘴和出浆嘴是否完整。

(6)灌浆套筒抗拉强度检验。

检查数量：同一批号、同一类型、同一规格的灌浆套筒，不超过 1 000 个为一批，每批随机抽取 3 个灌浆套筒制作对中连接接头试件。检验方法为检查质量证明文件和抽样检验报告。

3.3.4 锚固板的验收

锚固板验收应符合《钢筋锚固板应用技术规程》(JGJ 256—2011)的规定：

(1)锚固板检验项目见表 3-6。

(2)钢筋锚固板加工与安装工程开始前，应对不同钢筋生产厂的进场钢筋进行钢筋锚固板工艺检验；在施工过程中，更换钢筋生产厂商，变更钢筋锚固板参数、形式及变更产品供应商时，应重新进行工艺检验。

工艺检验应符合以下规定：每种规格的钢筋锚固板试件不应少于 3 根；每根试件的抗拉强度均应符合《钢筋锚固应用技术规程》(JGJ 256—2011)的规定：钢筋锚固板试件的极限拉力不应小于钢筋达到极限强度标准值时的拉力 $f_{stk}A_s$；其中 1 根试件的抗拉强度不合格时，应重取 6 根试件进行复检，复检仍不合格时判为本次工艺检验不合格。

(3)钢筋锚固板的现场检验应按检验批进行。同一施工条件下采用同一批材料的同类型、同规格的钢筋锚固板，螺纹连接锚固板应以 500 个为一个检验批进行检验与验收，不足 500 个时，按一个检验批计；焊接连接锚固板应以 300 个为一个检验批，不足 300 个时，按一个检验批计。

表 3-6 锚固板检验项目

锚固板原材料	牌号	抗拉强度 σ_s /(N·mm^{-2})	屈服强度 σ_b /(N·mm^{-2})	伸长率 δ/%
球墨铸铁	QT450—10	≥450	≥310	≥10
钢板	45	≥600	≥355	≥16
	Q345	450～630	≥325	≥19
锻钢	45	≥600	≥355	≥16
	Q235	370～500	≥225	≥22
铸钢	ZG230—450	≥450	≥230	≥22
	ZG270—500	≥500	≥270	≥18

3.3.5 外墙密封胶进场验收

密封胶应与混凝土具有相容性，具有规定的抗剪切和伸缩变形能力，并具有防霉、防火、防水、耐候等性能；硅酮、聚氨酯、聚硫建筑密封胶应分别符合现行国家标准《硅酮和改性硅硐建筑密封胶》(GB/T 14683—2017)、《聚氨酯建筑密封胶》(JC/T 482—2003)、《聚硫建筑密封胶》(JC/T 483—2006)的规定。

3.3.6 其他材料的验收

(1)混凝土等原材验收应满足国家、行业或地方标准规范要求。

(2)保温材料验收。夹心保温外墙的保温材料验收项目主要包括材料密度、导热系数、抗压强度、吸水率等。

(3)防火封堵材料验收。装配式建筑施工中外墙挂板的防火材料应符合设计要求，宜选用A级防火封堵，一般采用岩棉材料作为封堵材料。

(4)封浆料。常温型封浆料的流动度满足表3-7的要求，流动度试验方法应符合《水泥胶砂流动度测定方法》(GB/T 2419—2005)的规定。

表3-7　常温型封浆料初始度、抗压强度要求

项目		技术指标
抗压强度/(N·mm^{-2})	1 d	≥30
	3 d	≥45
	28 d	≥65
初始流动度/mm		130～170

(5)其他配件。在施工过程中所需的材料配件主要有安装用螺栓、金属连接件、吊钉、封堵塞及脚手架配件斜支撑配件等，如图3-2～图3-7所示。

装配式结构采用螺栓连接时应符合设计要求，应符合现行国家标准《钢结构工程施工质量验收标准》(GB 50205—2020)及《混凝土用机械锚栓》JG/T 160—2017)的相关要求。其他配件要求规格、型号、材质要符合设计要求，性能符合现行国家或行业标准要求。

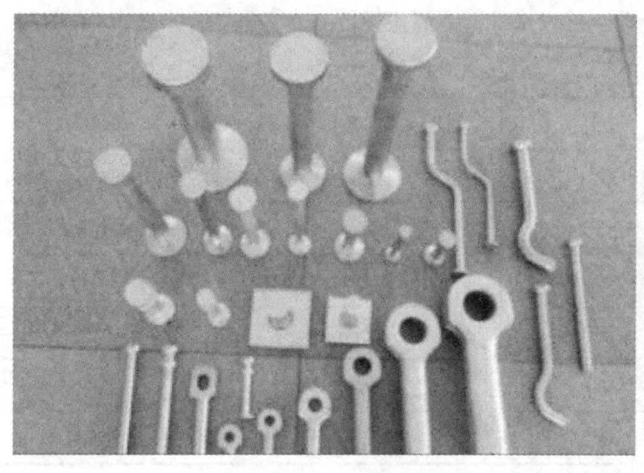

图3-2　吊钉

图3-3　内埋式螺母

图3-4　螺栓

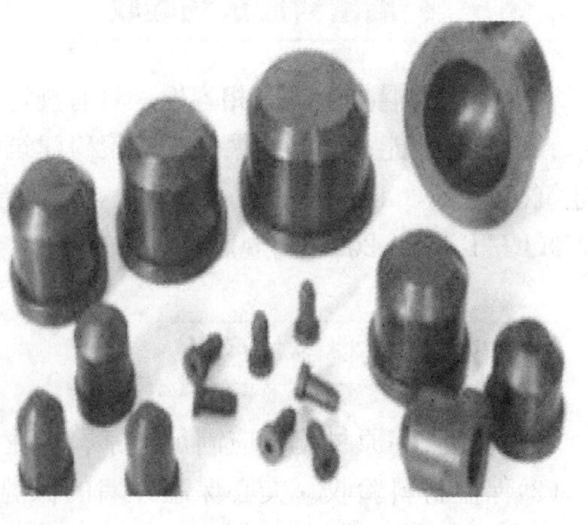

图3-5　橡胶封堵塞

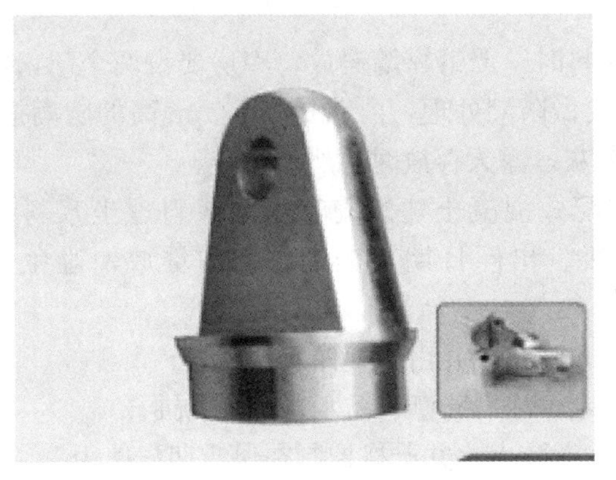

图 3-6　脚手架配件

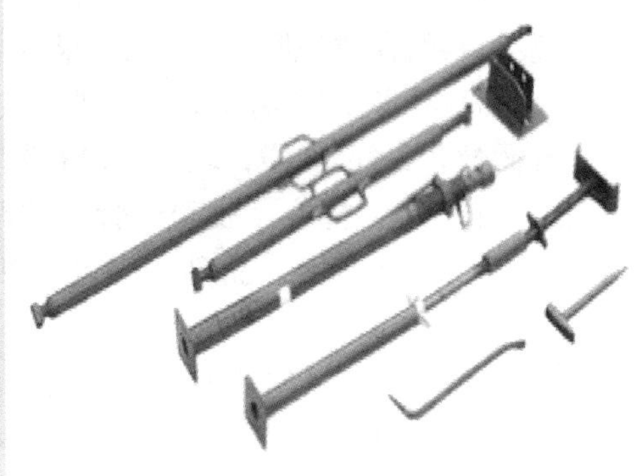

图 3-7　斜支撑配件

3.4　材料保管

材料的存放、保管、领用等，要做好材料管理台账，如入库单、出库单、库存月报等。要实行定额领料制度，避免浪费。装配式混凝土建筑在材料存放、保管、领用中的注意事项较多，简要列举如下：

(1)材料存放区必须设置规范的材料标识。材料标识可分为材料状态标识、现场区域标识和现场料具标识。材料状态标识可分为标牌和记录单两种。检验和试验状态标识可分为检验合格、检验不合格、检验未定、待检四种。现场区域标识和现场料具标识应使用标牌，统一制作。

(2)材料应按平面布置图有序存放于相应场所。要按规格、型号，并结合施工顺序与进度分层分段堆放，且尽可能置于塔式起重机回转半径范围内，减少二次搬运。钢材料场要有良好的排水措施，场地平整无杂草、杂物，各种钢材码放垫底高度不低于0.25 m，并分品种、规格码放，标识齐全。堆放时，要弄清楚主筋分布情况，不能放反。堆码不宜过高，垫木位置应与构件吊点位置一致，上、下垫木位置要垂直同位，防止倒塌、断裂。

(3)钢筋的存放和保管。钢筋应按钢号、炉号、品种规格、长度及不同技术指标分别堆放。退回可用的余料也应分材质堆放，以利于使用。锈蚀的钢材应分开堆放，及时除锈并检测合格后，尽早投入使用。所有钢材堆放均应采取防潮、防酸碱锈蚀措施进行保护。

(4)木材的存放和保管。木材的码放高度不超过1.5 m，堆垛不应过大，垛间要有合理的距离，以便消防通道的畅通，并配备良好的消防器材，垛位要远离易燃易爆品仓库，高压线下严禁堆放木料。

(5)结构构件的存放和保管。混凝土预制构件码放时垫木要上下对齐，层与层之间要有隔垫，垛高不超过1.5 m。钢、木构件应分品种、规格、型号堆放，要上盖下垫，挂牌标明，防止错领错发；存放时间较长的钢、木门窗和铁件要放入棚库，防止变形或锈蚀。详见相关章节。

(6)袋装粉料的存放和保管。存放袋装粉料时，严禁靠墙码放，库房要设两个门，以便先进先出，库门要严密牢固有锁，库内地面要做防潮处理，内墙要有 1.5 m 高的防潮措施，隔墙 0.2 m 码放，每垛 10 袋，垛底不得有散灰，露天存放时要严密遮盖。

(7)灌浆料、坐浆料的存放和保管。装配式混凝土建筑施工用灌浆料、坐浆料等易受潮材料，应按生产厂家、品种、强度等级、出厂日期等分别在室内堆放，避免受潮损坏。

(8)易损、易坏、易丢的装饰材料，应放入库房，并由专人保管。

(9)机械套筒的保管执行现场仓库管理规定，注意防潮、防水，避免锈蚀。

(10)密封胶条、保温材料等易燃材料应注意防火，并严格控制在保质期内使用。

(11)封浆胶塞、堵缝材料的保管应参照使用现场原材料保存方法和制度，最好单独、分类存放，方便领用。

第4章　预制混凝土构件质量检验与验收

为加强预制混凝土构件生产过程中的质量管理，保证预制混凝土构件的生产质量，使预制混凝土构件生产各环节处于有序的受控状态，应加强预制混凝土构件质量检验与验收。

4.1　工厂预制构件质量检验与验收

预制混凝土构件生产企业应建立检测部门，建立质量可追溯的管理系统，执行全面完善的质量管理体系和制度，检测设备均应检定合格，并应在检定有效期内使用，不具备检测能力的检验项目应委托第三方检测机构。

预制构件在生产过程中需要对预制构件的进场模具和生产过程的质量等方面进行质量把控，预制构件生产完成后需要对产品进行最后的成品检验。预制构件的质量检验一般可分为过程质量检验、成品质量验收及其他环节检验。

4.1.1　过程质量检验

预制构件的过程质量检验更多的是对于构件质量控制的预先控制性检验，防止构件完成成品后，构件出现外部或内部严重缺陷。过程质量检验主要包括模具检验、钢筋检验、隐蔽工程检验、混凝土浇筑检验及构件养护等环节的检验。

1. 一般要求

预制混凝土构件在生产前应有预制构件制作详图。预制构件制作详图应包含模板图、配筋图、设备管线预留预埋图、预埋件布置图、外装饰面铺贴图、预留孔洞图、吊点布置图及吊装工艺要求等。预制构件制作详图需要变更或完善时，应及时办理变更文件。

预制混凝土构件生产前应编制详细的生产方案。生产方案宜包括生产计划及生产工艺、模具方案及计划、技术质量控制措施、成品存放和保护方案等。预制混凝土构件应建立标识系统并设置表面标识，标识内容应包括工程名称、构件编号、构件类型、生产企业名称、生产日期和合格签章等。

预制混凝土构件制作过程的质量检验，应在班组自检、互检、交接检的基础上，由专职检验人员根据检查数量随机抽样，并按检验批进行检查和验收。

2. 模具检验

模具检验主要是依据图纸和标准规范，对模具的尺寸、表面平整度、侧向弯曲和预埋等方面进行检验。模具的检验工具一般包括盒尺、方角尺、2 m 检测尺、塞尺、小线和垫块等。

(1)模具的尺寸检验。模具的尺寸检验是根据图纸要求对模具的长度、宽度、厚度及对角线进行测量检查，使用盒尺测量出模具的各个数值，并根据图纸的设计尺寸，计算出模具的偏差值，模具偏差值应符合相关标准规范的要求。墙板模具如图 4-1 所示。

图 4-1　墙板模具

(2)模具的表面平整度检验。使用 2 m 检测尺配合塞尺对模具底板进行平整度测量，使用小线和垫块测量模具底板的扭翘偏差，将垫块放置在模具底板四角边缘处，将小线呈 X 形放置在垫块上，用尺测量两线相交处的差值，并将差值乘 2 即模具扭翘的结果。如果存在相交两线紧贴在一起的情况，应将上下两线对调上下位置，再进行检查。如果对调后的两线还是紧贴在一起，说明模具的扭翘值为 0。

(3)模具的侧向弯曲检验。将小线与 2 个垫块放置在侧模的立面两端，检查模具侧模的侧向弯曲情况。使用盒尺从端部开始向另一端每隔 60～80 cm 测量小线与侧模之间的数值，其中检测的最大数值与垫块的厚度差值即侧模的最大侧弯值。

(4)模具的预埋检验。当模具的尺寸、表面平整度、侧向弯曲均能满足图纸和相关规范的要求后，同时检查模具内预留线盒、线管、孔洞、埋件等配件的位置。预制构件钢模质量验收标准见表 4-1。

表 4-1 预制构件钢模质量验收标准

序号	项目		允许偏差/mm	检查频率		检验方法
				范围	点数	
1	长(高)	干接缝	±2	模具长(高)边	每边 1 点	用钢尺量测
		湿接缝	±5	模具长(高)边	每边 1 点	用钢尺量测
	宽	干接缝	±2	两端及中部	≥3 点	用钢尺量测
		湿接缝	±5	两端及中部	≥3 点	用钢尺量测
	厚		±1	平面及板侧立面	每处 2 点	用钢尺量测
2	表面平整度	清水面	2	反打板底模及模外露面	每面 1 点	2 m 靠尺或 1 m 钢板尺量测
		一般面	2	室内及隐蔽表面	每面 1 点	2 m 靠尺或 1 m 钢板尺量测
3	对角线差		3(5)	对角线差值	每平面 1 点	用钢尺量测
4	侧向弯曲		1(3)	两侧帮板表面	每处 1 点	拉线量测
5	翘曲		2	每个平面	1 点	四角拉线量测
6	相邻表面垂直偏差		1	平面与侧模相邻直角部位	每相邻部位 1 点	方尺量测
7	门窗口	尺寸	±2	高、宽各 3 点	共 6 点	用钢尺量测
		位移	2	每门窗口	2 点	用钢尺量测
		侧弯	1	门窗口周圈	每边 1 点	2 m 靠尺或拉线量测
		对角线	3	每门窗对角线	1 点	用钢尺量测
8	预埋螺母中心位移		2	逐个量测	每处 2 点	用钢尺量测
9	预埋铁件定位孔位置		±3	逐件检查	每处 2 点	用钢尺量测
10	预留孔洞	位置	3	逐件检查	每处 2 点	用钢尺量测
		尺寸	0，+5	逐件检查	每处 1 点	用钢尺量测
11	主筋保护层		+3，−2	肋、板各 3 点	共 6 点	用钢尺量测
缺陷	外露棱角不顺直		0.5	所有拼条		不顺直处剔除重焊
	外露棱角处缝隙不严		1	侧帮与底模周圈组合后缝隙		缝隙过大的应修复合格
	焊缝开裂		不允许	全部焊点		补焊合格
	外露面麻面、锈蚀(主要部位)		不允许	全部外露面		修复合格

注：①本表用于模具的新制、改制和使用过程的检查验收。投入生产使用的模具应逐套记录检查验收情况。检查中发现的不合格点，必须返修合格后方可使用。

②括号内数值用于湿接缝允许偏差。

各类构件模具质量检验记录见表 4-2、表 4-3。

表 4-2　板类、墙板类构件模具质量检验记录　　编号：　构　模具

工程名称					构件型号			
生产班组					模具编号			
检查项目		质量检验标准的规定			生产单位检验记录			
主控项目	4.2.1	底模质量						
	4.2.2	模具的材料和配件质量						
	4.2.3	模具部件和预埋件的连接固定						
	4.2.4	模具的缝隙应不漏浆						
一般项目	4.3.1	模具内杂物清理、涂刷隔离剂						
	4.3.2 允许偏差/mm	长(高)	墙板	0，−2				
			其他板	±2				
		宽		0，−2				
		厚		±1				
		翼板厚		±1				
		肋宽		±2				
		檐高		±2				
		檐宽		±2				
		对角线差		△4				
		表面平整	清水面	△1				
			普通面	△2				
		侧向弯曲	板	ΔL/1 000 且≤4				
			墙板	ΔL/1 500 且≤2				
		扭翘		L/1 500				
		拼板表面高低差		0.5				
		门窗口位置偏移		2				
	4.3.4 允许偏差/mm	中心线位置偏移	预埋件、预留孔	3				
			预埋螺栓、螺母	2				
生产单位检验结果	不合格品复查返修记录							
	总检查点数		合格点数		合格点率	%		
	检验结果： 检验员：　　年　月　日							

注：表中三角形标识为重点控制项，不允许超差项。

表 4-3　梁柱类构件模具质量检验记录　　　　编号：　构　模具

<table>
<tr><td colspan="2">工程名称</td><td colspan="3"></td><td colspan="3">构件型号</td><td colspan="2"></td><td colspan="2"></td><td colspan="2"></td></tr>
<tr><td colspan="2">生产班组</td><td colspan="3"></td><td colspan="3">模具编号</td><td colspan="2"></td><td colspan="2"></td><td colspan="2"></td></tr>
<tr><td colspan="2">检查项目</td><td colspan="3">质量检验标准的规定</td><td colspan="9">生产单位检验记录</td></tr>
<tr><td rowspan="4">主控项目</td><td>4.2.1</td><td colspan="3">底模质量</td><td colspan="9"></td></tr>
<tr><td>4.2.2</td><td colspan="3">模具的材料和配件质量</td><td colspan="9"></td></tr>
<tr><td>4.2.3</td><td colspan="3">模具部件和预埋件的连接固定</td><td colspan="9"></td></tr>
<tr><td>4.2.4</td><td colspan="3">模具的缝隙应不漏浆</td><td colspan="9"></td></tr>
<tr><td rowspan="19">一般项目</td><td>4.3.1</td><td colspan="3">模具内杂物清理、涂刷隔离剂</td><td colspan="9"></td></tr>
<tr><td rowspan="15">4.3.3
允许
偏差/mm</td><td rowspan="3">长</td><td>梁</td><td>±2</td><td></td><td></td><td></td><td></td><td></td><td></td><td></td><td></td><td></td></tr>
<tr><td>薄腹梁、桁架、桩</td><td>±5</td><td></td><td></td><td></td><td></td><td></td><td></td><td></td><td></td><td></td></tr>
<tr><td>柱</td><td>0，−3</td><td></td><td></td><td></td><td></td><td></td><td></td><td></td><td></td><td></td></tr>
<tr><td colspan="2">宽</td><td>+2，−3</td><td></td><td></td><td></td><td></td><td></td><td></td><td></td><td></td><td></td></tr>
<tr><td colspan="2">高(厚)</td><td>+0，−2</td><td></td><td></td><td></td><td></td><td></td><td></td><td></td><td></td><td></td></tr>
<tr><td colspan="2">翼板厚</td><td>±2</td><td></td><td></td><td></td><td></td><td></td><td></td><td></td><td></td><td></td></tr>
<tr><td rowspan="2">侧向弯曲</td><td>梁、柱</td><td>$\Delta L/1\ 000$
且≤5</td><td></td><td></td><td></td><td></td><td></td><td></td><td></td><td></td><td></td></tr>
<tr><td>薄腹梁、桁架、桩</td><td>$\Delta L/1\ 500$
且≤5</td><td></td><td></td><td></td><td></td><td></td><td></td><td></td><td></td><td></td></tr>
<tr><td colspan="2" rowspan="2">表面平整度</td><td>清水面△1</td><td></td><td></td><td></td><td></td><td></td><td></td><td></td><td></td><td></td></tr>
<tr><td>普通面△2</td><td></td><td></td><td></td><td></td><td></td><td></td><td></td><td></td><td></td></tr>
<tr><td colspan="2">拼板表面高低差</td><td>0.5</td><td></td><td></td><td></td><td></td><td></td><td></td><td></td><td></td><td></td></tr>
<tr><td colspan="2">梁设计起拱</td><td>±2</td><td></td><td></td><td></td><td></td><td></td><td></td><td></td><td></td><td></td></tr>
<tr><td colspan="2">桩顶对角线差</td><td>3</td><td></td><td></td><td></td><td></td><td></td><td></td><td></td><td></td><td></td></tr>
<tr><td colspan="2">端模平直</td><td>1</td><td></td><td></td><td></td><td></td><td></td><td></td><td></td><td></td><td></td></tr>
<tr><td colspan="2">牛腿支撑面位置</td><td>±2</td><td></td><td></td><td></td><td></td><td></td><td></td><td></td><td></td><td></td></tr>
<tr><td rowspan="3">4.3.4
允许
偏差/mm</td><td rowspan="3">中心定位孔偏移</td><td>预埋件</td><td>3</td><td></td><td></td><td></td><td></td><td></td><td></td><td></td><td></td><td></td></tr>
<tr><td>预留孔洞</td><td>3</td><td></td><td></td><td></td><td></td><td></td><td></td><td></td><td></td><td></td></tr>
<tr><td>预埋螺栓、螺母</td><td>2</td><td></td><td></td><td></td><td></td><td></td><td></td><td></td><td></td><td></td></tr>
<tr><td colspan="2" rowspan="3">生产单位
检验结果</td><td colspan="3">不合格品复查返修记录</td><td colspan="9"></td></tr>
<tr><td>总检查点数</td><td colspan="2"></td><td colspan="3">合格点数</td><td colspan="2"></td><td colspan="2">合格点率</td><td colspan="2">%</td></tr>
<tr><td colspan="12">检验结果：

检验员：　　　　年　月　日</td></tr>
</table>

以上包含了水平构件和竖向构件两大类的检验记录表。在检验过程中严格执行以上标准，认真填写检验记录，保证检验记录的真实性。

3. 钢筋检验

钢筋包括半成品和成品检验。其中，钢筋半成品检验包括钢筋切断下料检验及钢筋弯曲成型检验。

(1)钢筋半成品检验。钢筋下料检验应按照钢筋规格编号，分别进行检验。检验数量：每一个工作班组的检验次数不少于 1 次，每次以同一工序同一类型的钢筋半成品或预埋件(涉及埋件的锚爪钢筋)为 1 批，每批随机抽件数量不少于 3 件。钢筋半成品检验除上述要求外，钢筋成型类型如图 4-2 所示。

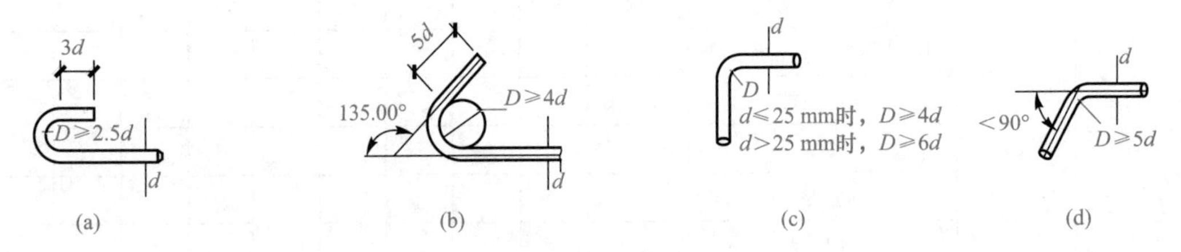

图 4-2　钢筋成型类型

(a)HPB300 级钢筋端部 180°弯钩；(b)带肋钢筋端部 135°弯钩；

(c)钢筋弯折角度为 90°；(d)钢筋弯折角度小于 90°

钢筋半成品外观质量要求见表 4-4，并准确记录数据，见表 4-5、表 4-6。

表 4-4　钢筋半成品外观质量要求

序号	工序名称	检验项目		质量要求
1	冷拉	钢筋表面裂纹、断面明显粗细不匀		不应有
2	冷拔	钢筋表面斑痕、裂纹、纵向拉痕		不应有
3	调直	钢筋表面划伤、锤痕		不应有
4	切断	断口马蹄形		不应有
5	冷镦	镦头严重裂纹		不应有
6	热镦	夹具处钢筋烧伤		不应有
7	弯曲	弯曲部位裂纹		不应有
8	点焊	脱点、漏点	周边两行	不应有
9			中间部位	不应有相邻两点
10		错点伤筋、起弧蚀损		不应有
11	对焊	接头处表面裂纹、卡具部位钢筋烧伤		HPB300、HRB335 级钢筋有轻微烧伤 HRB400、HRB500 级钢筋不应有
12	电弧焊	焊缝表面裂纹、较大凹陷、焊瘤、药皮不净		不应有

表 4-5　钢筋半成品质量检验记录(一)　　编号：构(钢)半成品(一)

工程名称					钢筋半成品编号			
生产班组					代表批量			
工序	项目	质量检验标准要求			生产单位检验记录			
冷拉	外观质量	钢筋表面裂纹、断面明显粗细不匀		不应有				
	允许偏差/mm	盘条冷拉率		±1%				
		热镦头预应力筋有效长度		+5，0				
冷拔	外观质量	钢筋表面斑痕、裂纹、纵向拉痕		不应有				
	允许偏差/mm	非预应力钢丝直径	≤ϕ^b4	±0.1				
			>ϕ^b4	±0.15				
		钢丝截面椭圆度	≤ϕ^b4	0.1				
			>ϕ^b4	0.15				
调直	外观质量	钢筋表面划伤、锤痕		不应有				
	允许偏差/mm	局部弯曲	冷拉调直	4				
			调直机调直	2				
切断	外观质量	断口马蹄形		不应有				
	允许偏差/mm	长度	非预应力钢筋	±5				
			预应力钢筋	±2				
冷镦	外观质量	镦头严重裂纹		不应有				
	允许偏差/mm	镦头	直径	≥1.5d				
			厚度	≥0.7d				
			中心偏移	1				
		同组钢丝有效长度极差		2				
热镦	外观质量	夹具处钢筋烧伤		不应有				
	允许偏差/mm	镦头	直径	≥1.5d				
			中心偏移	2				
		同组钢筋有效长度极差	长度≥4.5 m	3				
			长度<4.5 m	2				
弯曲	外观质量	弯曲部位裂纹		不应有				
	允许偏差/mm	箍筋	内径尺寸	±3				
		其他钢筋	长度	0，−5				
			弓铁高度	0，−3				
			起弯点位移	15				
			对焊焊口与起弯点距离	>10 d				
			弯钩相对位移	8				
		折叠	成型尺寸	±10				
生产单位检验结果		不合格品复查返修记录						
		总检件数		不合格件数		一次合格率		%
		检验结果： 检验员：　　年　月　日						

表 4-6　钢筋半成品质量检验记录(二)

编号：构(钢)半成品(二)

工程名称				钢筋半成品编号			
生产班组				代表批量			
工序	项目	质量检验标准要求			生产单位检验记录		
点焊	外观质量	脱点、漏点	周边两行	不应有			
			中间部位				
	允许偏差/mm	焊点压入深度应为较小钢筋直径的百分率	热轧钢筋点焊	18%～25%			
			冷拔低碳钢丝点焊	18%～25%			
对焊	外观质量	接头处表面裂纹、卡具部位钢筋烧伤	HPB300、HRB335 钢筋有轻微烧伤，HRB400、HRB500 钢筋不应有				
	允许偏差/mm	两根钢筋的轴线	折角	<2°			
			偏移	≤0.1d 且≤1			
电弧焊	外观质量	焊缝表面裂纹、较大凹陷、焊瘤、药皮不净		不应有			
	允许偏差/mm	帮条焊接接头中心线的纵向偏移		≤0.3d			
		两根钢筋的轴线	折角	≤2°			
			偏移	≤0.1d 且≤1			
		焊缝表面气孔和夹渣	2d 长度上	≤2 个且≤6 mm^2			
			直径	≤3			
		焊缝厚度		−0.05d			
		焊缝宽度		+0.1d			
		焊缝长度		−0.3d			
		横向咬边深度		≤0.05d 且≤0.5			
预埋件钢筋埋弧压力焊	允许偏差/mm	钢筋咬边深度		≤0.5			
		钢筋相对钢板的直角偏差		≤2°			
		钢筋间距		±10			
钢板冲剪与气割	允许偏差/mm	规格尺寸	冲剪	0，−3			
			气割	0，−5			
		串角		3			
		表面平整		2			
焊接预埋铁件	允许偏差/mm	规格尺寸		0，−5			
		表面平整		2			
		锚爪	长度	±5			
			偏移	5			
生产单位检验结果	不合格品复查返修记录						
	总检件数		不合格件数		一次合格率	%	
	检验结果： 检验员：　　　年　月　日						

(2)钢筋成品检验。钢筋成品的检验应检查以下几个方面：

1)绑扎成型的钢筋骨架周边两排钢筋不得缺扣，绑扎骨架其余部位缺扣、松扣的总数量不得超过绑扣总数的 20%，且不应有相邻两点缺扣或松扣。检查方法是观察和摇动检查。

2)焊接成型的钢筋骨架应牢固、无变形。焊接骨架漏焊、开焊的总数量不得超过焊点总数的 4%，且不应有相邻两点漏焊或开焊。钢筋骨架焊接如图 4-3 所示。

图 4-3　钢筋骨架焊接

3)检验数量：以同一班组同一类型成品为一检验批，在逐件目测检验的基础上，随机抽件 5%，且不少于 3 件。钢筋成品质量检验记录见表 4-7。

表 4-7　钢筋成品质量检验记录

编号：构(钢)成品

工程名称			构件编号	
生产班组			代表批量	
检查项目		质量检验标准的规定	生产单位检验记录	
主控项目	5.2.1	钢筋力学性能和重量偏差		
	5.2.1	预应力筋力学性能和重量偏差		
	5.2.2	冷加工钢筋的物理力学性能		
	5.2.3	预应力筋用锚具、夹具和连接器性能		
	5.2.4	预埋件用钢材及焊条的性能		
	5.2.5	钢筋焊接接头及钢筋制品的焊接性能		
	5.2.6	钢筋接头的位置、接头百分率、搭接长度、锚固长度		

续表

工程名称					构件编号				
一般项目	5.3.1	钢筋、预应力筋表面质量							
	5.3.2	锚具、夹具、连接器，金属螺旋管、灌浆套筒、结构预埋件等配件的外观质量							
	5.3.3	钢筋半成品外观质量							
	5.3.4 允许偏差/mm	受力钢筋顺长度方向全长的净尺寸		±5					
		弯起钢筋的折弯点位移		15					
		箍筋内净尺寸		±3					
	5.3.5	钢筋骨架绑扎质量							
	5.3.6	钢筋骨架焊接质量							
	5.3.7 允许偏差/mm	绑扎钢筋网片	长、宽	±5					
			网眼尺寸	±10					
		焊接钢筋网片	长、宽	±5					
			网眼尺寸	±10					
			对角线差	5					
			端头不齐	5					
		钢筋骨架	长	±10					
			宽	±5					
			厚	0，−5					
			主筋间距	±10					
			主筋排距	±5					
			箍筋间距	±10					
			起弯点位移	15					
			端头不齐	5					
生产单位检验结果		不合格品复查返修记录							
		总检件数		不合格件数			一次合格率		%
		检验结果： 检验员： 年 月 日							

4. 隐蔽工程检验

当模具组装完毕，钢筋与埋件安装到位后，应进行隐蔽验收，检查内容如下：

(1)模具外形和几何尺寸；

(2)钢筋、钢筋骨架、钢筋网片、吊环的级别、规格、型号、数量及其位置如图 4-4 所示；

(3)主筋保护层；

(4)预埋件、预留孔的位置及数量。

图 4-4　隐蔽检验

在加工单位内控验收合格后，填写隐蔽资料并提交监理进行隐蔽报验，见表 4-8。经过监理检验确认后，方可进行下道工序。

表 4-8　隐蔽验收记录

<table>
<tr><td colspan="4">隐蔽验收记录</td><td colspan="3">资料编号</td><td colspan="2"></td></tr>
<tr><td colspan="2">工程名称</td><td colspan="7"></td></tr>
<tr><td colspan="2">隐检项目</td><td colspan="2">钢筋制作与安装</td><td colspan="3">隐检日期</td><td colspan="2"></td></tr>
<tr><td colspan="2">隐检部位</td><td colspan="7"></td></tr>
<tr><td colspan="9">隐检依据：施工图图号　　　　　　　　　　　　，设计变更/洽商(编号　　　　　　　　　　)及有关国家标准等。
主要材料名称及规格/型号：</td></tr>
<tr><td colspan="9">隐检内容：

申报人：</td></tr>
<tr><td colspan="9">检查意见：

检查结论：　　　　　　□同意隐蔽　　　　　　□不同意，修改后进行复查</td></tr>
<tr><td colspan="9">复查结论：
复查人：　　　　　　　　　　　　复查日期：</td></tr>
<tr><td rowspan="3">签字栏</td><td colspan="2" rowspan="2">施工单位</td><td colspan="2" rowspan="2"></td><td>专业技术负责人</td><td colspan="2">专业质检员</td><td>专业工长</td></tr>
<tr><td></td><td colspan="2"></td><td></td></tr>
<tr><td colspan="2">监理(建设)单位</td><td colspan="3"></td><td colspan="2">专业工程师</td><td></td></tr>
</table>

5. 混凝土浇筑检验

在隐蔽工程验收完成后，混凝土浇筑时，应检查混凝土的质量情况，主要对混凝土的和易性、坍落度等方面进行检查，并应填写混凝土浇筑记录，如图 4-5 及见表 4-9 所示。对于不合格的混凝土禁止浇入模具内使用。

检验数量：每一个生产台班，连续浇筑不超过 100 m^3 至少检查一次坍落度的情况。

图 4-5　构件混凝土浇筑

表 4-9　混凝土浇筑记录

<table>
<tr><td colspan="5">混凝土浇筑记录</td><td>编号</td><td></td></tr>
<tr><td colspan="2">工程名称</td><td colspan="5"></td></tr>
<tr><td colspan="2">生产单位</td><td colspan="3"></td><td>混凝土设计强度等级</td><td></td></tr>
<tr><td colspan="2" rowspan="4">构件编号</td><td colspan="5"></td></tr>
<tr><td colspan="5"></td></tr>
<tr><td colspan="5"></td></tr>
<tr><td colspan="5"></td></tr>
<tr><td colspan="2">浇筑开始时间</td><td colspan="2">年　月　日　时</td><td colspan="2">浇筑完成时间</td><td>年　月　日　时</td></tr>
<tr><td colspan="2">天气情况</td><td></td><td>室外气温</td><td>℃</td><td>混凝土完成数量</td><td>m^3</td></tr>
<tr><td rowspan="3">混凝土来源</td><td rowspan="2">预拌混凝土</td><td>生产厂家</td><td colspan="2"></td><td>供料强度等级</td><td></td></tr>
<tr><td>运输单编号</td><td colspan="4"></td></tr>
<tr><td colspan="2">自拌混凝土开盘鉴定编号</td><td colspan="4"></td></tr>
<tr><td>实测坍落度</td><td colspan="2">mm</td><td>出盘温度</td><td>℃</td><td>入模温度</td><td>℃</td></tr>
<tr><td colspan="2">试件留置种类、数量、编号和养护情况</td><td colspan="5"></td></tr>
<tr><td colspan="2">混凝土浇筑前的隐蔽工程检查情况</td><td colspan="5"></td></tr>
<tr><td colspan="2">混凝土浇筑的连续性</td><td colspan="5"></td></tr>
<tr><td colspan="2">生产负责人</td><td colspan="2"></td><td colspan="2">填表人</td><td></td></tr>
</table>

6. 构件养护检验

构件浇筑完成后，流水线生产采用蒸养窑、固定台座生产采用苫盖苫布进行蒸汽养护，这两种养护方式采用的温度控制方式不同。流水线生产的构件进入立体蒸养窑进行蒸汽养护，由设定好的程序，计算机自动进行温度控制，严格遵照蒸汽养护制度进行控温，可随时调取蒸汽养护记录。固定台座生产的构件，只能由人工进行管理作业，使用温度计进行温度测量，要求每小时进行温度测量一次。蒸汽养护时应严格按照升温、恒温、降温的要求执行。整个过程应填写温度蒸汽养护记录，见表 4-10。保证记录的真实和有效性，达到可追溯的作用。

表 4-10　混凝土养护测温记录表

混凝土养护测温记录表									编号								
表C5－13																	
工程名称																	
型号			养护方法		蒸养				测温方式				温度计				
测温时间			大气温度/℃	各测孔温度/℃												平均温度/℃	间隔时间/h
月	日	时		1	2	3	4	5	6								
生产单位																	
技术员				质检员										测温员			

4.1.2 成品质量验收

构件脱模后需要进行成品检验，包括主控项目和一般项目。检验时，先检查构件成品的外观，检查是否有损伤、裂纹、色差、气泡、蜂窝等外观问题。再按照图纸及规范规定，检查成品构件的尺寸、对角线、侧弯、扭翘等内容(图 4-6)，并填写检验记录表，见表 4-11、表 4-12。

图 4-6 成品检验

表 4-11 板类构件质量检验记录

编号： 构 构件

<table>
<tr><td colspan="2" rowspan="2">工程名称</td><td rowspan="2"></td><td>生产班组</td><td></td></tr>
<tr><td>生产日期</td><td></td></tr>
<tr><td colspan="2">检查项目</td><td>质量检验标准的规定</td><td colspan="2">生产单位检验记录</td></tr>
<tr><td rowspan="11">主控项目</td><td>7.2.1</td><td>预制构件脱模强度</td><td colspan="2"></td></tr>
<tr><td>7.2.2</td><td>预应力筋断裂或滑脱数量</td><td colspan="2"></td></tr>
<tr><td>7.2.3</td><td>预应力有效值与检验规定值偏差的百分率</td><td colspan="2"></td></tr>
<tr><td>7.2.4</td><td>预应力筋孔道灌浆密实和饱满性</td><td colspan="2"></td></tr>
<tr><td>7.2.5</td><td>预埋件、插筋、预留孔等预留预埋的规格、数量</td><td colspan="2"></td></tr>
<tr><td>7.2.6</td><td>预制构件的叠合面或键槽成型质量</td><td colspan="2"></td></tr>
<tr><td>7.2.7</td><td>装饰面砖与构件基层的粘结强度</td><td colspan="2"></td></tr>
<tr><td>7.2.8</td><td>保温材料类别、厚度、位置</td><td colspan="2"></td></tr>
<tr><td>7.2.9</td><td>拉结件类别、数量及使用位置</td><td colspan="2"></td></tr>
<tr><td>7.2.10</td><td>预制构件的严重缺陷</td><td colspan="2"></td></tr>
<tr><td>7.2.11</td><td>预制构件结构性能</td><td colspan="2"></td></tr>
</table>

续表

工程名称					生产班组								
					生产日期								
一般项目	7.3.1	预制构件外观质量											
	7.3.2—1	允许偏差/mm											
		长		+10，−5									
		宽		±5									
		高(厚)		+5，−3									
		板厚(翼板)		±5									
		肋宽		±5									
		对角线差		10									
		表面平整	模具面	3									
			手工面	4									
		侧向弯曲		L/1 000 且≤20									
		扭翘		L/1 000									
		预埋部件(铁件)	中心位置偏移	10									
			平面高差	3									
		预留孔洞	规格尺寸	+10，0									
			中心线位置偏移	5									
		主筋外留长度		+10，−5									
		主筋保护层		△+5，−3									
生产单位检验结果		不合格品复查返修记录											
		总检查点数			合格点数				合格点率				%
		检验结果： 检验员： 年 月 日											

表 4-12 墙板类构件质量检验记录 编号：构件

工程名称				生产班组	
模具编号		生产日期		检验员	
检查项目		质量检验标准的规定		生产单位检验记录	
主控项目	7.2.1	预制构件脱模强度			
	7.2.2	预应力筋断裂或滑脱数量			
	7.2.3	预应力有效值与检验规定值偏差的百分率			
	7.2.4	预应力筋孔道灌浆密实和饱满性			
	7.2.5	预埋件、插筋、预留孔等预留预埋的规格、数量			
	7.2.6	预制构件的叠合面或键槽成型质量			
	7.2.7	装饰面砖与构件基层的粘结强度			
	7.2.8	保温材料类别、厚度、位置			
	7.2.9	拉结件类别、数量及使用位置			
	7.2.10	预制构件的严重缺陷			
	7.2.11	预制构件结构性能			

续表

工程名称					生产班组	
一般项目	7.3.1	预制构件外观质量				
	7.3.2—2	允许偏差/mm				
		高		±3		
		宽		±3		
		厚		±2		
		对角线差		△5		
		门窗口	规格尺寸	±4		
			对角线差	△4		
			位置偏移	△3		
		清水面表面平整		△2		
		普通面表面平整		△3		
		侧向弯曲		$L/1\,000$ 且≤5		
		扭翘		$L/1\,000$ 且≤5		
		门窗口内侧平整		2		
		装饰线条宽度		±2		
		预埋部件（铁件）	中心线位置偏移	5		
			平面高差	3		
		预留孔洞	规格尺寸	±5		
			中心线位置偏移	5		
			安装门窗预留孔深度	±5		
		主筋保护层		△+5，−3		
		结构安装用预留件(孔)	螺栓中心线位置偏移留出长度	△3		
			螺栓	△+5，0		
			内螺母、套筒、销孔等中心线偏移	△2		
生产单位检验结果	不合格品复查返修记录					
	总检查点数		合格点数		合格点率	%
	检验结果：					
	年　月　日					

以上为构件成品的检验记录，检查数量：同一工作班生产的同类型构件，抽查5%且不少于3件。其中三角标识为重点控制项、不允许超差项。

4.1.3 其他环节检验

1. 首件验收

首件验收是一个重要的程序，是构件在整个生产过程中的工艺、产品质量的最终体现。墙板的首件验收如图4-7所示。首件验收可分为厂内首件验收与厂外首件验收。厂内首件验收即构件厂内部对生产的第一件构件进行验收，从技术质量角度有一个判定，如存在问题，应及时总结，后续的生产当中避免问题再次发生。如果检查判定合格，还应当通知建设单位，由建设单位组织相关总包、监理、设计单位，对首件进行验收，当五方均认定合格后，构件方可批量生产。厂外首件验收应在五方检验合格后，填写验收记录表，允许构件进行批量生产。

图4-7 墙板的首件验收

2. 驻厂监理监督检查与验收

工程开始前，应根据地方法律法规的要求，编制预制构件生产方案，明确技术质量保证措施，并经企业技术负责人审批后实施。最终提交监理单位进行审核同意。进厂的原材料应有30%经监理见证检查进行复试，复试合格后的原材料方可用于构件生产。在生产过程中，监理对全过程进行监督检查，对于隐蔽环节，需由监理签字确认后，方可进行混凝土浇筑。成品构件验收合格后，应对检查合格的预制混凝土构件进行标识，标识内容包括工程名称、构件型号、生产日期、生产单位、合格标识、监理签章等，标识不全的构件不得出厂。其中，监理签章由驻厂监理确认后，在构件表面加盖签章标识。图 4-8 所示为驻厂监理验收确认后，加盖监理公章标识的构件。

3. 构件出厂检验

构件出厂前，应检查构件外观是否有损坏、构件标识是否清晰、监理是否进行签章确认。构件出厂时，应检查运输车辆上的构件与构件的运输票据是否一致，运输票据应包括构件的型号、数量、生产日期、所运构件的使用工程与部位、运输车辆的车牌号及运输构件的外观是否存在损坏等。构件出厂时，还应检查相应构件合格证及强度报告单。一般合格证可分为临时合格证和正式合格证，当构件强度 28 d 评定标准未到时，不能提供标养强度时，先行使用临时合格证；当构件达到 28 d 时，再行交付正式合格证。开具临时合格证时，应保证构件强度达到 100%设计强度值。

图 4-8　加盖监理公章标识的构件

4.2　施工现场预制构件进场检验

4.2.1　构件进场检验项目

预制构件入场前必须进行质量检查验收：一是对出厂检查的复核；二是检查在运输过程中构件有没有损坏，避免将有问题的构件安装在工程项目上。因此，对于进场的预制构件需要制定详细的预制构件进场检验程序及检验方法。

预制构件到达施工现场后，现场监理人员和施工单位质检人员应对进入施工现场的预制构件及构件配件进行检查验收，包括数量核实、规格型号核实、检查质量证明文件或质量出厂检验记录和外观质量检查等，具体见表 4-13、表 4-14 所列项目。

表 4-13　构件进场主要验收项目

<table>
<tr><th>序号</th><th>验收项目</th><th>验收内容</th></tr>
<tr><td>1</td><td>核验进场构件编号及数量</td><td>是否与供货单一致</td></tr>
<tr><td>2</td><td>核验构件表面标识内容</td><td>工程名称、制作日期、合格状态、检验信息等</td></tr>
<tr><td>3</td><td>外观检测</td><td>构件外观是否存在缺棱掉角、裂缝及常见混凝土缺陷等问题</td></tr>
<tr><td>4</td><td>构件尺寸检验</td><td>检查构件长、宽、厚、对角线、平整度等</td></tr>
<tr><td>5</td><td>检查构件预留钢筋允许偏差</td><td rowspan="3">数量、规格、定位及尺寸</td></tr>
<tr><td>6</td><td>检查预制构件内预埋件的加工和安装固定允许偏差</td></tr>
<tr><td>7</td><td>预埋管线位置偏差</td></tr>
<tr><td>8</td><td>装配式结构预制构件质量证明文件</td><td>质量证明文件、资料</td></tr>
</table>

表 4-14　构件具体进场检验内容

序号	检查项目		检查结果
1	资料交付	出厂合格证	齐全
		混凝土强度检验报告	
		主要材料试验检验报告	
		合同要求的其他证明文件	
2	构件外观	缺棱掉角	不应出现
		造成裂缝	
		装饰层损坏	
		外露钢筋被折弯	
3	影响构件安装	套筒、预埋件规格、位置、数量	参照《装配式混凝土建筑技术标准》(GB/T 51231—2016)
		套筒或浆锚孔内是否有杂质、注浆孔是否通透	
		外露连接钢筋规格、位置、数量	
		配件是否齐全	
4	表面观感	构件几何尺寸	
		外观缺陷检查	

检验内容如下：

(1)合格证及交付的质量证明文件检查；

(2)检查构件在装卸及运输过程中造成的损坏；

(3)检查影响直接安装的环节，灌浆套筒是否干净，预埋件位置是否正确等；

(4)检查其他配件是否齐全；

(5)外形几何尺寸的检查；

(6)表面观感的检查应符合《装配式混凝土建筑技术标准》(GB/T 51231—2016)的规定。

4.2.2　检验方法

1. 质量证明文件

预制构件进场时应检查质量证明文件。质量证明文件属于主控项目，须进行全数检查。

质量证明文件包括产品合格证明书、混凝土强度检验报告及其他重要检验报告等，如图 4-9 所示；预制构件的钢筋、混凝土原材料、预应力材料、预埋件等均应参照《混凝土结构工程施工质量验收规范》(GB 50204—2015)及现行国家有关标准的规定进行检验，其检验报告在预制构件进场时可不提供，但应在构件生产企业存档保留，以便需要时查阅。

碎（卵）石试验报告

混凝土抗压强度试验报告

混凝土构件出厂证明书

钢筋机械连接试验报告

装配式结构预制构件进场检查记录

工程名称：北京城市副中心职工周转房项目A2标段____楼____层

序号	检查项目			竖向构件____构件型号（□外墙、□内墙、□PCF板、□楼梯间隔板）										
1	预制构件质量验收（质量证明文件）			产品合格证、混凝土强度检测报告　是□/否□齐全										
2	外观质量检查（有无一般质量缺陷、有无严重质量缺陷）			有□/无□一般质量缺陷										
3	预埋件等材料质量、规格和数量，预留孔、预留洞、数量			共____处，全部检查，合格____处										
4	构件主要尺寸检查	墙板长度	±4	-1	0	0	0	0	3	2	4	4	3	3
5		墙板宽度，高度	±4	3	-2	0	1	-4	1	2	2	2	4	2
6		墙板厚度	±3	1	-1	1	2	-1	2	3	2	3	0	3
7		墙体预留插筋中心位置	5	3	1	3	2	2	3	3	2	4	3	1
8		墙体预留插筋长度	+10，-5	1	8	6	-6	7	-1	5	5	5	2	9
9		墙板内表面平整度	5	3	4	4	2	1	4	1	4	2	4	2
10		墙板外表面平整度	3	3	2	3	1	2	3	4	3	2	3	3
11		墙板侧向弯曲	1/1000且≤20	2	1	1	1	2	4	4	3	1	3	4
12	预制构件尺寸的允许偏差mm	墙板翘曲	1/1000	4	2	3	4	3	3	2	2	4	2	1
13		墙板对角线	5	0	3	2	1	2	0	1	3	4	3	2
14		预留孔中心位置	5	3	1	4	1	1	3	3	1	1	3	4
15		预留孔尺寸	±5	1	-3	3	3	-4	1	1	-2	-3	2	1
16		预留洞中心位置	10	2	4	1	2	4	1	1	0	0	0	3
17		预留洞尺寸、深度	±10	1	3	-2	2	2	3	-4	2	1	3	1
18		预埋板中心线位置	5	2	3	1	2	3	4	4	3	3	0	3
19		预埋板与混凝土面平面高差	0，-5	-3	-1	0	0	-1	0	-2	-1	-4	-3	-2
20		预埋套筒中心线位置	2	4	2	2	3	2	0	2	3	4	3	0
21		预留钢筋中心位置	5	1	3	1	1	5	4	5	5	1	2	2
22		预留钢筋外露长度	+10，-5	2	0	0	4	4	0	2	-1	2	0	2
23		灌浆套筒通透性												

专业质检员：　　专业工长：　　监理人员：　　检查日期：

图 4-9　质量证明文件示意

《装配式混凝土建筑技术标准》(GB/T 51231—2016)规定，需要做结构性能检验的情况，应有检验报告。对于进场时不做结构性能检验的预制构件，质量证明文件上应包括预制构件生产过程的关键验收记录，如钢筋隐蔽工程验收记录、预应力筋张拉记录等；施工单位或监理单位代表驻厂监督时，此时构件进场的质量证明文件应经监督代表确认；不做结构性能检验且无驻厂监督时，应有相应的实体检验报告。

埋入灌浆套筒的预制构件，还应按行业标准《钢筋套筒灌浆连接应用技术规程》(JGJ 355—2015)的有关规定提供验收资料(包括套筒灌浆接头型式检验报告、套筒进场外观检验报告、第一批灌浆料进场检验报告、接头工艺检验报告、套筒进场接头力学性能检验报告等)。

2. 数量与规格型号检查

核对进场构件的规格型号与数量，清点核实结果与发货单对照，如果有误，及时与构件厂联系。

3. 构件质量检验

预制构件的质量检验是在预制构件工厂检查合格的基础上进行进场验收，外观质量应全数检查，尺寸偏差按批抽样检查，对于施工过程用临时使用的预埋件中心线位置及后浇混凝土部位的预制构件尺寸偏差可按抽样检查的规定放大一倍执行。

质量检验属于主控项目，包含对预制构件的承载力、挠度、裂缝控制性能等各项指标的检验，一般施工现场不具备这些结构性能检验的条件，可在预制构件工厂进行，按照国家标准《混凝土结构工程施工质量验收规范》(GB 50204—2015)严格执行。检验项目同时应当拍照记录与《质量验收记录》(表 4-15)资料一并归档。

表 4-15 装配式结构预制构件检验批质量验收记录

单位(子单位工程名称)			分部(子分部)工程名称	主体结构混凝土结构		分项工程名称	装配式结构
施工单位			项目负责人			检验数容量	
分包单位			分包单位项目负责人			检验数布控	1
施工依据		《混凝土结构施工规范》(GB 50666—2011)		验收依据		《混凝土结构工程施工质量验收规范》(GB 50204—2015)	
验收项目			设计要求及规范规定	最小/实际挂件数量		检查记录	检查结果
主控项目	1	预制构件质量检验	第 9.2.1 条		/		
	2	预制构件进场结构性能检验	第 9.2.2 条		/		
	3	外观质量的严重缺陷，影响结构性能和安装、使用功能的尺寸偏差	第 9.2.3 条		/		
	4	预埋件等材料质量规格和数量，预留孔洞的数量	9.2.4 条		/		

续表

<table>
<tr><td colspan="4">单位(子单位工程名称)</td><td colspan="2"></td><td>分部(子分部)工程名称</td><td colspan="2">主体结构混凝土结构</td><td>分项工程名称</td><td>装配式结构</td></tr>
<tr><td rowspan="16">一般项目</td><td>1</td><td colspan="4">预制构件标识</td><td>第 9.2.5 条</td><td></td><td>/</td><td></td><td></td></tr>
<tr><td>2</td><td colspan="4">外观质量一般缺陷</td><td>第 9.2.6 条</td><td></td><td>/</td><td></td><td></td></tr>
<tr><td rowspan="14">3</td><td rowspan="14">预制构件尺寸的允许偏差/mm</td><td rowspan="4">长度</td><td rowspan="3">楼板、梁、柱、桁架</td><td><12 m</td><td>±5</td><td></td><td>/</td><td></td><td></td></tr>
<tr><td>≥12 m 且 <18 m</td><td>±10</td><td></td><td>/</td><td></td><td></td></tr>
<tr><td>≥18 m</td><td>±20</td><td></td><td>/</td><td></td><td></td></tr>
<tr><td colspan="2">墙板</td><td>±4</td><td></td><td>/</td><td></td><td></td></tr>
<tr><td rowspan="2">宽度、高(厚)度</td><td colspan="2">楼板、梁、柱、桁架</td><td>±5</td><td></td><td>/</td><td></td><td></td></tr>
<tr><td colspan="2">墙板</td><td>±4</td><td></td><td>/</td><td></td><td></td></tr>
<tr><td rowspan="2">表面平整度</td><td colspan="2">楼板、梁、柱、墙板内表面</td><td>5</td><td></td><td>/</td><td></td><td></td></tr>
<tr><td colspan="2">墙板外表面</td><td>3</td><td></td><td>/</td><td></td><td></td></tr>
<tr><td rowspan="2">侧向弯曲</td><td colspan="2">楼板、梁、柱</td><td>$L/750$ 且≤20</td><td></td><td>/</td><td></td><td></td></tr>
<tr><td colspan="2">墙板、桁架</td><td>$L/1\,000$ 且≤20</td><td></td><td>/</td><td></td><td></td></tr>
<tr><td rowspan="2">翘曲</td><td colspan="2">楼板</td><td>$L/750$</td><td></td><td>/</td><td></td><td></td></tr>
<tr><td colspan="2">墙板</td><td>$L/1\,000$</td><td></td><td>/</td><td></td><td></td></tr>
</table>

第5章 预制混凝土构件存放和运输

预制构件生产完成，经过成品检验合格后，应将其运送到堆场进行存放。根据施工现场的进度需求，安排车辆将预制构件运送到施工现场。此环节是与生产车间的一个分割点，生产车间将合格产品运送到堆场后，预制构件的质量控制则由生产环节转移到后期的存放及运输环节。运输环节既要保证构件的运输质量也要满足施工现场进度的需求。预制构件的存放和运输涉及质量和安全要求，存放和运输时的支承位置需经过计算确定，并按工程或产品特点制定运输方案，包括运输时间、次序、堆放场地、运输线路、固定要求、堆放支垫及成品保护措施等。对于超高、超宽、异形等特殊构件还要制定专门的质量安全保障措施。本章主要就预制混凝土构件的存放与运输两个方面进行阐述。

5.1 构件存放

5.1.1 构件存放的基本要求

基于国家标准《装配式混凝土建筑技术标准》(GB/T 51231—2016)，预制构件的存放主要满足以下要求：

(1)存放场地应平整、坚实，并应有排水措施。

(2)存放库区宜实行分区管理和信息化台账管理；应按照产品品种、规格型号、检验状态分类存放，产品标识应明确、耐久，预埋吊件应朝上，标识应向外。

(3)存放时应合理设置垫块支点位置，确保预制构件存放稳定，支点宜与起吊点位置一致。

(4)与清水混凝土面接触的垫块应采取防污措施。

(5)预制构件多层叠放时，每层构件间的垫块应上下对齐；预制楼板、叠合板、阳台板和空调板等构件宜平放，叠合层数不宜超过6层；长期存放时，应采取措施控制预应力构件起拱值和叠合板扭曲变形。

(6)预制柱、梁等较长构件平放且两条垫木支撑。

(7)预制内外墙板、挂板宜采用专用支架直立存放，支架应有足够的强度和刚度；薄弱构件、构件薄弱部位和门窗洞口应采取防止开裂的临时加固措施。

(8)构件堆放应根据构件的刚度、受力情况及外形尺寸采取平放或立放的方式，如图5-1所示。装配式墙板类构件采取立放，存放在专用的固定架上；板类构件一般应采用叠层平放，对宽度等于及小于 500 mm 的板，宜采用通长垫木；大于 500 mm 的板，可采用非通长的垫木。垫木应上下对齐，在一条垂直线上；大型桩类构件宜平放。薄腹梁、屋架、桁架等宜立放。构件的断面高宽比大于 2.5 时，堆放时下部应加支撑或有坚固的堆放架，上部应拉牢固定，以免倾倒。墙板类构件宜立放，立放又可分为插放与靠放两种方式。插放时场地必须清理干净，插放架必须牢固，挂钩工应扶稳构件，垂直落准；靠放时应有牢固的靠放架，必须对称靠放和吊运，其倾斜角度应保持大于 80°，板的上部应用垫块隔开。构件的最多堆放层数应按照构件强度、地面耐压力、构件形状和质量等因素确定。

(9)构件成品盖章入库前由检验人员认真核对构件型号、尺寸、外观、外露钢筋(尺寸、型号)、手工压面表面平整度及构件内预留、预埋洞口埋件等是否齐全且保证满足标准要求，由检验员加盖自己的“检验章”及“合格章”入库，代表构件检验合格，并填写相应的构件成品检验记录。

(10)所有清水构件表面接触的材料均应有隔离措施，包裹无污染塑料膜。

(11)成品库管理人员应与生产班组做好构件交接记录；记录内容应明确工程名称、生产日期、构件型号、数量、外观质量情况等。

(12)应安排专人负责码放区管理，对码放构件实行监督，有异常问题时及时上报。禁止外部人员对堆放的构件进行踩踏、推动等施加外力行为。禁止在构件上倾倒垃圾、泼洒污水。

图 5-1　预制构件码放现场

5.1.2 主要预制构件存放要求

1. 预制叠合板

叠合板存放场地应平整硬化，并有排水措施，存放时叠合板底板与地面之间要留有一定空隙。叠合板存放设置垫木的数量及间距应经计算确定，垫木放置在叠合板钢筋桁架侧边，四周垫木距离叠合板端部宜为 200 mm，垫木上下对齐，叠合板底部垫木应采用通长木方。不同板号分别堆放，堆放时间不宜超过两个月，叠合板存放层数不大于 6 层，如图 5-2～图 5-4 所示。

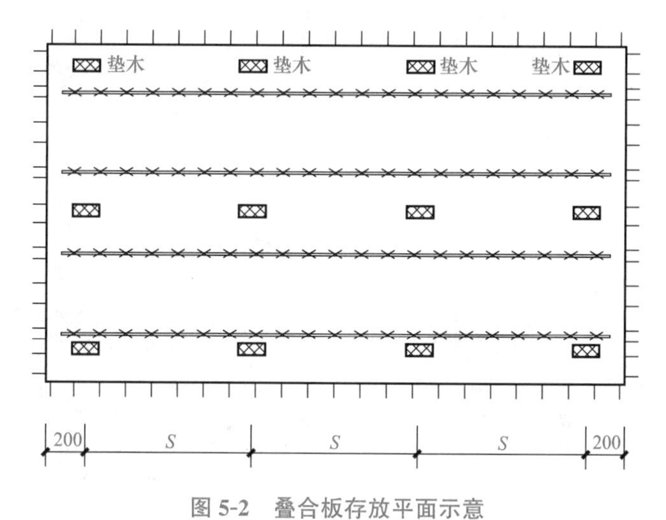

图 5-2　叠合板存放平面示意

图 5-3　叠合板存放立面示意

图 5-4　预制叠合板存放

2. 预制墙板

预制墙板一般采用专用插放架立式存放(图 5-5)。一般墙板宽度小于 4 m 时，墙板下部应搁置不少于 2 块 100 mm×100 mm×250 mm 垫木；一般墙板宽度大于 4 m 时，墙板下部应搁置不少于 3 块 100 mm×100 mm×250 mm 垫木。墙板两侧的首个垫木距离墙端宜为 300 mm，墙板门口洞下部、墙体重心位置，宜增加支撑垫木。

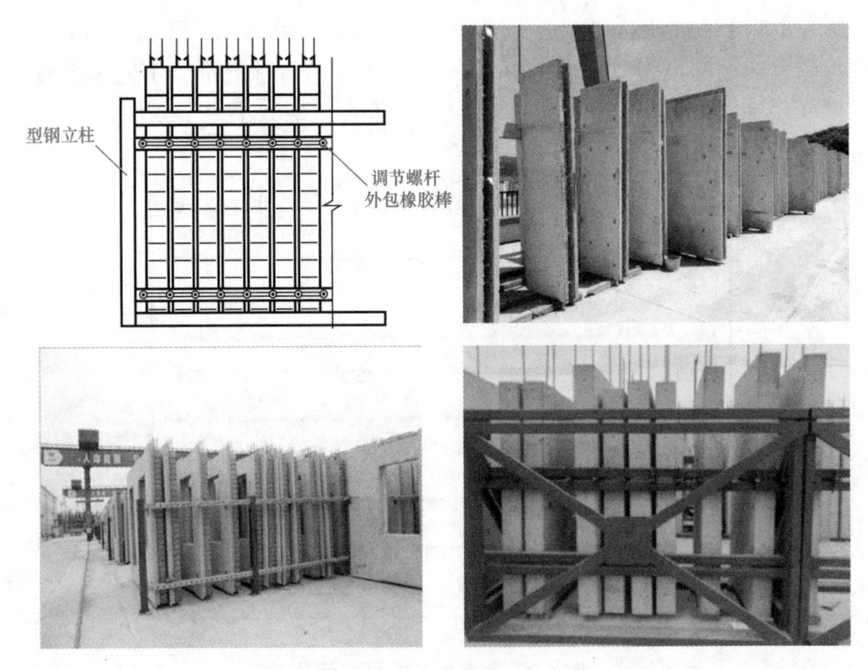

图 5-5　预制墙板插放架立式存放示意

3. 预制楼梯

预制楼梯的放置一般采用平放方式，在堆置预制楼梯时，板下部两端宜垫置 100 mm×100 mm 垫木，垫木放置位置在 0.2～0.25L(L 为预制楼梯总长度)，吊装前在预制楼梯段的后起吊(下端)的端部设置防止起吊碰撞的伸长垫木(图 5-6)，防止起吊时磕碰。垫木层与层之间应垫平、垫实，各层支垫上下对齐。不同类型楼梯应分别堆垛，堆垛层数不宜大于5 层(图 5-7)。

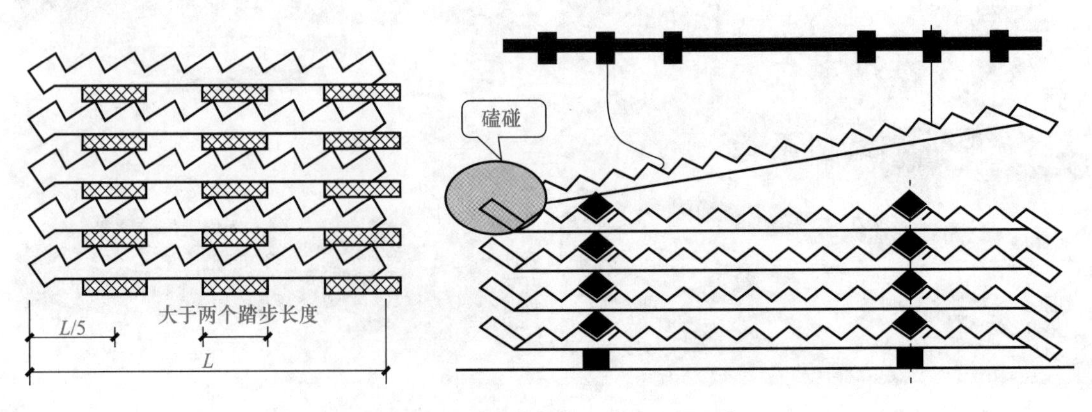

图 5-6　预制楼梯存放、吊运立面示意

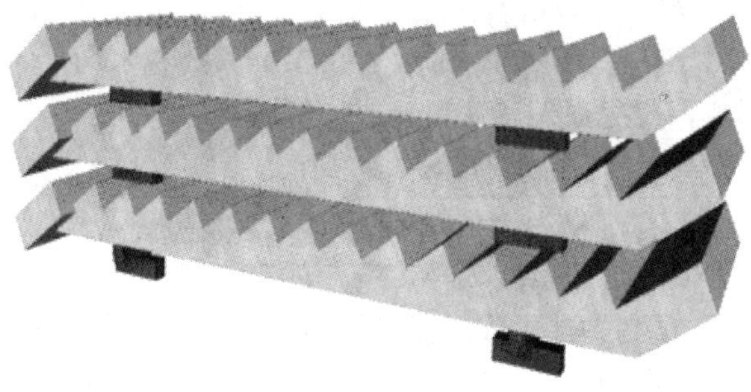

图 5-7　预制楼梯存放效果

4. 预制梁

预制梁按型号、规格尺寸水平堆叠码放(图 5-8)。第一层梁放置在 100 mm×100 mm 垫木(垫木长度根据通用性一般为 3 000 mm)上，保证长度方向与垫木垂直，垫木距离构件边 500～800 mm，长度过长时应在中间间距 4 m 放置在一根垫木，根据构件长度和质量最高叠放 2 层。层间用 2 块 100 mm×100 mm×500 mm 的垫木隔开，保证各层间垫木上下对齐。

图 5-8　预制梁存放示意

5. 预制柱

预制柱按型号、规格尺寸水平堆叠码放(图 5-9)。第一层梁放置在 100 mm×100 mm 垫木(垫木长度根据通用性一般为 3 000 mm)上，保证长度方向与垫木垂直，垫木距离构件边 500～800 mm，长度过长时应在中间间距 4 m 放置在一根垫木，根据构件长度和质量最高叠放 3 层。各层之间用 2 块 100 mm×100 mm×500 mm 的垫木隔开，保证各层间垫木上下对齐。

图 5-9　预制柱存放示意

6. 异形构件的存放

对于一些异形构件的存放要根据其质量和外形尺寸的实际情况合理划分存放区域及存放形式，避免损伤和变形造成构件质量缺陷。

5.1.3 预制构件的成品保护措施

(1)预制构件的成品保护措施应根据构件的存放、码放的要求进行制定，对于有装饰面和装饰要求的构件，应制定有针对性的具体措施。预制构件的成品保护一般采取以下措施：垫块宜采用柔性材质，或表面覆盖、包裹柔性材料。

(2)外墙门框、窗框和带有外装饰材料的表面宜采用塑料贴膜等软质材料进行防护。

(3)套筒灌排浆孔、预埋螺栓孔应采用临时封堵措施。

(4)带有装饰面的板材要有专门的成品保护措施，防止面层受损。

(5)预制构件不宜多次转运，以免造成构件在运输及堆放过程中的损伤。

5.1.4 施工现场构件存放要求

施工现场应提前编制预制构件存储方案，方案内容应包括构件存储方式、存储场地、存储使用工装、存储吊装设备等。具体包括以下几个要求：

(1)构件存储方式：根据预制构件的外形尺寸(叠合板、预制墙板、预制楼梯、预制梁、预制柱、飘窗、阳台等)确定预制构件的存储方式。墙板采用专用存放架存放，叠合板、预制楼梯、预制梁、预制柱、飘窗、阳台采用叠放。

(2)存储货架要求：根据预制构件的质量和外形尺寸进行设计制作，且尽量考虑运输架的通用性。

(3)计算存储场地：根据项目包含构件的大小、方量、存储方式、调板、装车便捷及场地的扩容性情况，划定构件存储场地和计算出存储场地面积需求。

(4)确定相应附件：根据构件的大小、方量、存储方式计算出相应辅助物料需求(存放架、木方、槽钢等)数量。

(5)施工现场塔式起重机应充分考虑预制构件的质量及构件的吊运半径应满足施工需求。

5.2 构件运输

5.2.1 构件运输组合规划

预制构件高大异形、重心不一，一般运输车辆不适宜装载，因此，需要进行改装降低车辆装载重心高度、设置车辆运输稳定专用固定支架，可分为图 5-10 所示的预制构件运输组合方式。

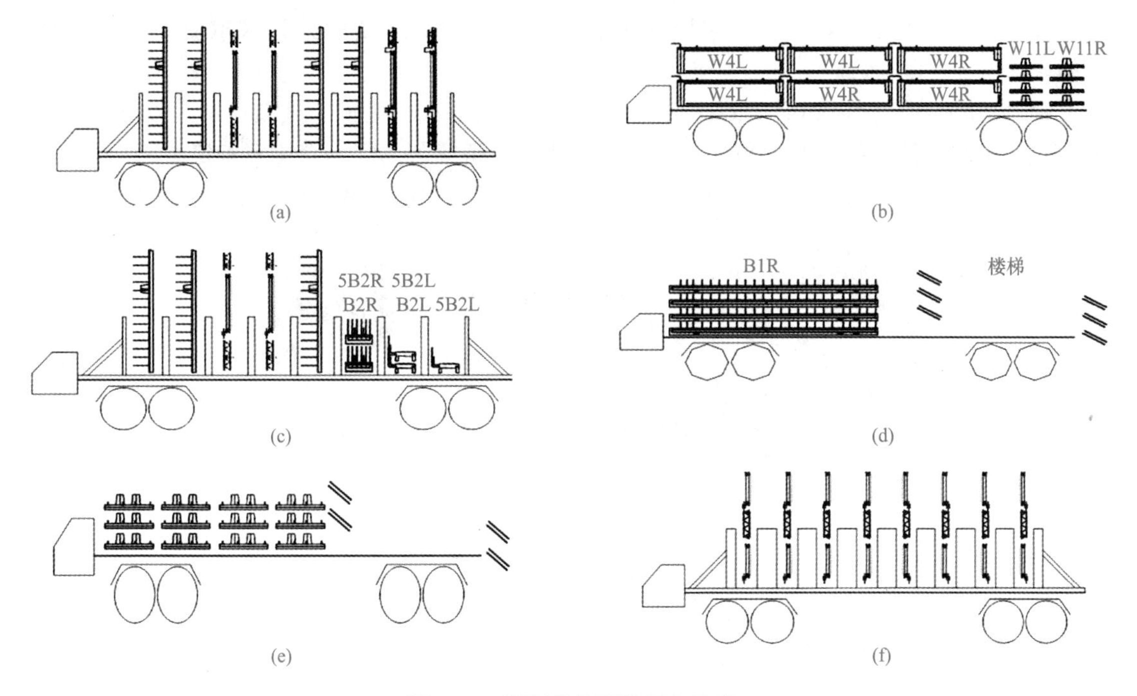

图 5-10 预制构件运输组合示意

(a)PC 外墙板运输方法和组合；(b)板块构件运输方法和组合；(c)墙板与板块运输方法和组合；(d)楼板块与楼梯运输方法和组合；(e)空调板与楼梯运输方法和组合；(f)PCF 运输方法和组合

5.2.2 构件运输要求

(1)预制构件的运输宜符合下列要求：

1)预制构件的运输线路应根据道路、桥梁的实际条件确定，场内运输宜设置循环线路；

2)运输车辆应满足构件尺寸和载重要求；

3)在装卸构件过程中，应采取保证车体平衡、防止车体倾覆的措施；

4)应采取防止构件移动或倾倒的绑扎固定措施；

5)运输细长构件时应根据需要设置水平支架；

6)构件边角部或绳索接触处的混凝土，宜采用垫衬加以保护。

(2)预制构件的运输车辆应满足构件尺寸和载重要求，装卸与运输时应符合下列规定：

1)装卸构件时，应采取保证车体平衡的措施；

2)运输构件时，应采取防止构件移动、倾倒、变形等的固定措施；

3)运输构件时，应采取防止构件损坏的措施，对构件边角部或链索接触处的混凝土，宜设置保护衬垫。

5.2.3 构件运输措施和方法

(1)预制构件的运输一般选用低平板车运输预制构件，其装车支撑位置需要根据计算确定。装车时确保车辆和场地承载对称均匀，避免在装车或卸车时发生倾覆。

(2)对于带有门、窗洞口的大尺寸预制墙板，构件吊运期间，宜采取临时构件加固措施。

(3)设计为水平受力和细长的杆类预制构件一般采用水平运输，其装运层数以车辆和道路荷载、预制构件的特点及承载能力、行车路线必经桥梁限高等综合因素确定。

(4)叠合板和预制楼梯运输时码放的措施方法一般与存放一致(图 5-11、图 5-12)。

图 5-11　叠合板运输示意

图 5-12　预制楼梯运输示意

(5)预制墙一般采用专用靠放架立式码放运输，支架与运输车辆固定并具有足够的承载力和刚度，墙板对称靠放在专用运输架上。码放架与墙板之间须加垫木，装车时需要检查垫木的压实情况，如有不实，随时调整。用紧绳器将墙板绑好固定在车上，并增加护角措施。对支架与墙板接触部位使用无纺布进行缠裹，避免车辆行驶过程中晃动与铁架发生摩擦损坏(图 5-13)。

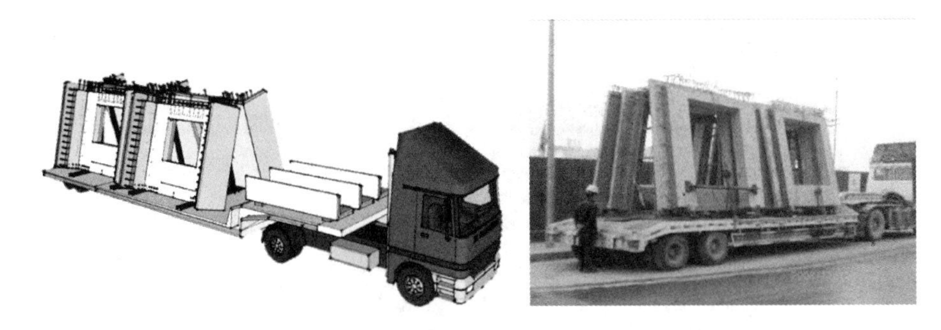

图 5-13 预制墙平板车运输示意

(6)预制墙板的运输也可采用专用运输车，通过特殊的悬浮液压系统，安全的装载设计，单人操作，无须借助起重设备的情况下，几分钟内实现构件装卸工作，对货物无损伤，大幅提升物流效率(图 5-14～图 5-16)。

图 5-14 预制构件专用运输车示意

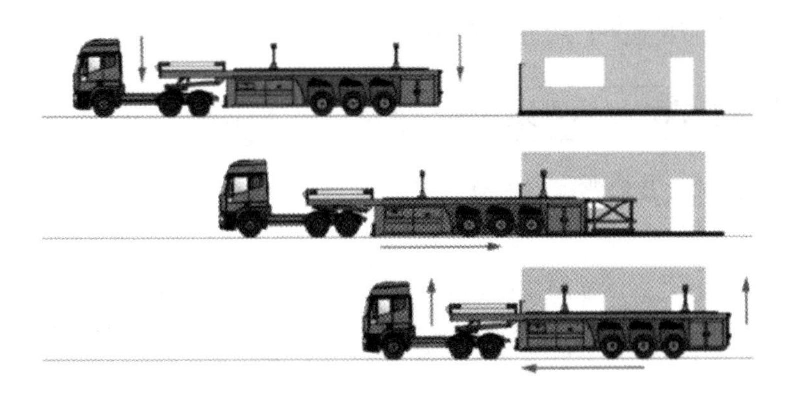

图 5-15 预制构件专用运输车装卸示意

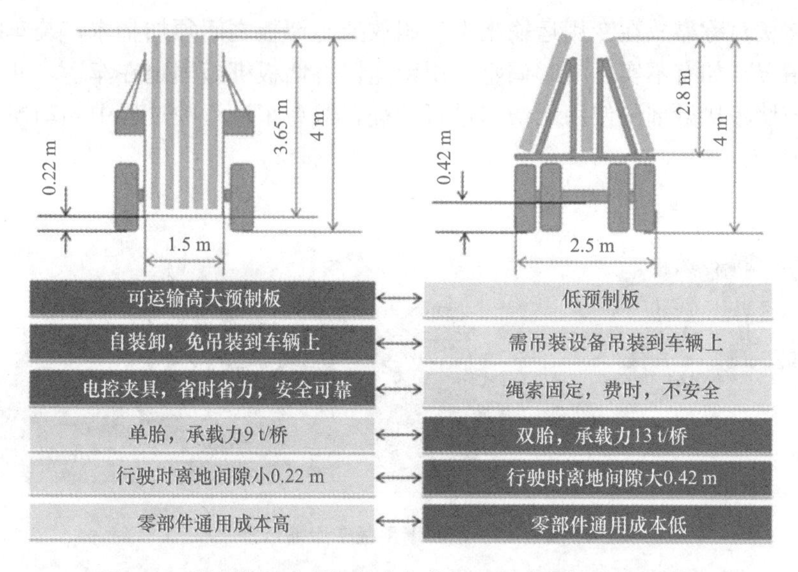

图 5-16　预制构件专用运输车与普通平板车运输性能对比图

(7)预制梁、柱或管类构件采用水平运输时一般不超过 2 层。

(8)装车完毕，应使用绳索将预制构件与支架和车辆固定，绳索与预制构件边角处搁置衬垫。

(9)运输车辆严格遵守交通规则，行驶速度不宜超过 60 km/h，遇有泥泞和坑洼处，减速慢行。

(10)装卸车时，应保持构件稳定，慢速起吊，平缓下落，避免对预制构件造成损坏。

5.2.4　构件运输线路制定

预制构件的运输单位应制定严谨的运输措施，其内容包括车辆型号、运输路线、现场装卸及堆放等。采用汽车夜间运输，应合理安排车辆保证按计划供应。

运输路线需重点策划，关注沿途限高(如天桥下机动车道限高 4.5 m，非机动车道限高 3.5 m)、限行规定(如特定时段无法驶入市区)、路况条件(如是否存在转弯半径无法满足要求情况)等，最好进行实际线路勘察，避免由于道路原因造成运输降效或影响施工进度；对运输过程中稳定构件的措施提出明确要求，确保构件在运输过程中的完好性。

5.2.5　某项目构件运输方案示例

5.2.5.1　运输路线及线路规划案例

1. 构件运输路线

全程运距约 85 km，在运输路线中，除通怀路与梨辛庄路交叉口处目前仍有路障等设施外，其他路段均为畅通状态，沿途限高、限款、限载条件均能满足构件运输车辆行驶需求。

2. 线路规划

线路 1：构件由某构件厂负责运输，运输线路：六环路至通燕高速，从丁各庄出口驶出顺着通怀路向南行进到东夏园地铁站处，红绿灯路口左转向东行进至通胡南路，在第一个红绿灯处右转进入胡郎路，顺胡郎路一直走到建工北侧大门然后右转进入黎辛庄街，在黎辛庄街北侧设有进货大门，从工地现场南侧大门进入施工现场环形路，运至构件堆放位置，如图 5-17 所示。

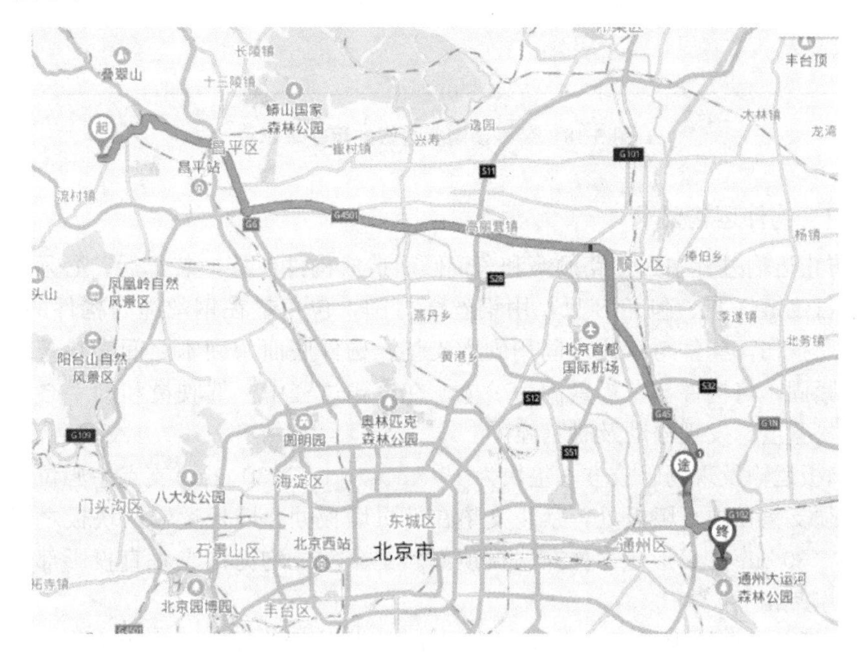

图 5-17　路线示意

线路 2：由某构件厂出发经六环路至通燕高速，从丁各庄出口驶出右转沿通怀路向南行驶至东夏园地铁红绿灯处，继续南行至黎辛庄路与通怀路交会处左转进入黎辛庄街，然后前行至城乡施工现场南门，运至施工现场构件堆放区。

5.2.5.2　运输路线设置

(1)因每个标段在施工中每天运输构件及各种材料的运输车辆很多，为保证道路畅通，建议每个标段配备场区外专职疏导人员，保证每个标段的场区外面道路畅通，规范构件及材料运输车辆在公共区域的停车及运输行为。

(2)黎辛庄路与通怀路交界处应设置红绿灯，方便构件车辆能够安全转弯，避免交通事故的发生。

5.2.5.3　运输量计算

每天运输量计算：按照图纸统计，该项目共计 11 个楼，构件数量共为 14 484 块，每栋楼内外墙板每车装 4～6 块(大块墙板每车能运 4 块，小块墙板可运 6 块)，每栋楼每层约 52 块墙板，需 11 辆车，叠合板每辆车运载 18 块，每栋楼每层约 60 块，需 4 辆车；阳台板、空调板，楼梯板每栋每层 22 块，需 3 辆车。综上所述，每栋楼每层共需构件运输车辆 18(车次)，那么 11 栋楼，按照工期计划 10 d 一层可计算出每天运输量：18×11/10＝19.8(车次)，如果一辆车一天运输一次，每天需要 20 辆运输车辆运输构件。装载预制叠合板的运输车示意如图 5-18 所示。

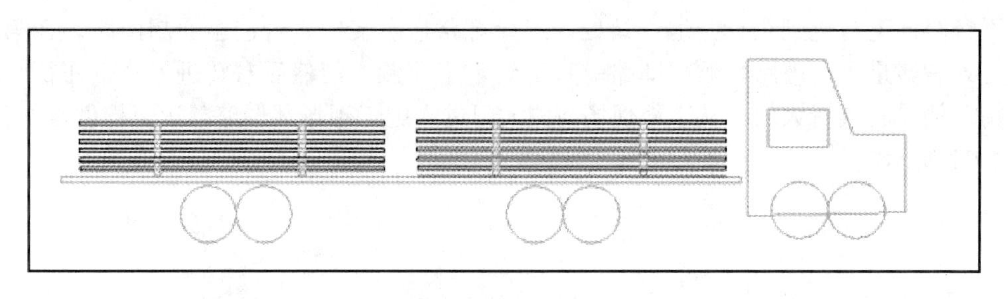

图 5-18 装载预制叠合板的运输车示意

5.2.5.4 构件运输要求

(1)为防止运输过程中因道路颠簸和车辆倾斜造成构件位移，装车后，必须进行捆扎紧固。每车配备倒链 8 只、包角 8 只，用钢丝绳打围，包角垫在钢丝绳与构件的结合部位，保护构件不受损伤，构件与车体之间用硬木支垫，构件底面与硬木之间铺垫塑料布，防止污损。倒链紧固，将构件与车板紧固为一体。在运输过程中，驾驶员和助手必须经常停车检查倒链的松紧度，发现松动及时紧固。

(2)外墙板运输及现场码放方木垫块为 15 cm×15 cm×30 cm，支点中心位置为吊钉投影位置，必须支垫在内页墙板处，禁止支垫在外页墙板处。墙板运输两块板之间顶部使用 8 cm×8 cm×30 cm 长 L 形垫木挂在墙板顶部。支靠部位均为吊点垂直投影部位，卸车吊装采用 5 t 鸭嘴扣。

(3)叠合板方木垫块为 8 cm×8 cm×25 cm，支垫位置为紧邻吊点内侧，且保证上下对齐，现场码放最底层垫木使用 10 cm×10 cm×300 cm 与板纵向垂直码放，每跺码放 6 层。吊装采用吊钩。

(4)楼梯垫木使用 8 cm×8 cm×50 cm，必须垫放两步支点。每垛不超过 3 块，最下面一根垫木通长，层与层之间应垫平、垫实，各层垫木在一条垂直线上，支点为吊装点位置。吊装采用专用吊具，2.5 t 鸭嘴吊件起吊。

第6章 装配式混凝土建筑结构施工

装配式混凝土建筑结构体系及其连接方式不同，则其结构施工关键技术和工艺也有很大的区别。本章以目前国内量大面广的装配式混凝土建筑套筒灌浆连接的施工技术为例，从转换层施工、预制构件吊装、构件节点机械连接、构件节点现浇连接、构件接缝密封施工等方面进行阐述。

装配式混凝土建筑的施工与现浇混凝土建筑的施工有很大不同，主要是围绕预制构件安装连接增加了部分新的施工工艺及施工技术。目前，装配式混凝土建筑的地下结构及部分地上加强层仍然沿用传统现浇工艺施工。装配式混凝土建筑包含转换层和预制层。其中，转换层是指与预制构件连接的现浇结构层，其施工质量好坏直接影响整个装配式混凝土建筑的工程质量。预制层由不同竖向预制构件和水平预制构件组成，这些预制构件主要采用工厂化生产，运至施工现场后通过连接装配及现浇混凝土形成装配整体式结构。预制构件因结构体系不同会存在一定程度的差异，需结合工程实际情况灵活运用。装配式混凝土建筑的结构施工具有以下特点：

(1)机械化吊装，减少了现场湿作业量。预制构件采用机械化吊装，可与现场各专业施工同步进行，具有施工速度快、工程建设周期短、利于冬期施工的优势。

(2)构件生产质量好，效率高，精度高。预制构件采用定型模板平面施工作业，代替现浇结构立体交叉作业，预制构件可在工厂通过自动化的先进设备生产，生产过程中能够对布模、钢筋加工、钢筋安装、混凝土振捣、构件养护等工序进行智能化控制，构件质量更容易得到保证，精度更高。

(3)功能集成度高，减少施工工序。在预制构件生产环节可采用反打一次成型工艺或立模工艺，将保温、装饰、门窗附件等特殊要求的功能高度集成，减少了物料损耗和施工工序。

(4)管理要求高，需做好前期策划。装配式混凝土建筑的结构施工对从业人员的技术管理能力和工程实践经验要求较高，装配式建筑的设计、生产、施工应做好前期策划，包括项目进度计划、构件深化设计、构件生产及运输方案、装配式建筑施工方案等。

(5)关键工序发生变化，减少现场安全隐患。减少了施工现场的模板工程、钢筋工程、混凝土工程等，预制构件的运输、吊运、安装、支撑等成为施工中的关键。装配式建筑的构件运输到现场后，由专业安装队伍严格遵循流程进行装配，湿作业量降低，减少了安全隐患，同时要加强预制构件吊运及安装的安全管理。

(6)提高建造效率，降低人力成本。装配式建筑的构件由预制工厂批量生产，大量减少脚手架和模板数量，尤其是生产形式较复杂的构件时，优势更为明显；节省了相应的施工流程，提高了建造效率。减少现场施工及管理人员数量，节省了人工费，提高了劳动生产率。

(7)节能环保，减少污染。装配式建筑循环经济特征显著，标准化促进钢模板循环使用，节省了大量脚手架和模板作业，节约了木材等资源。并且由于构件在工厂生产，现场湿作业少，减少了噪声和烟尘及70%以上的建筑垃圾，对环境影响较小，降低了碳排放。

6.1 转换层施工

6.1.1 转换层施工工艺流程

转换层施工工艺流程示意(四层改转换层)如图6-1所示。

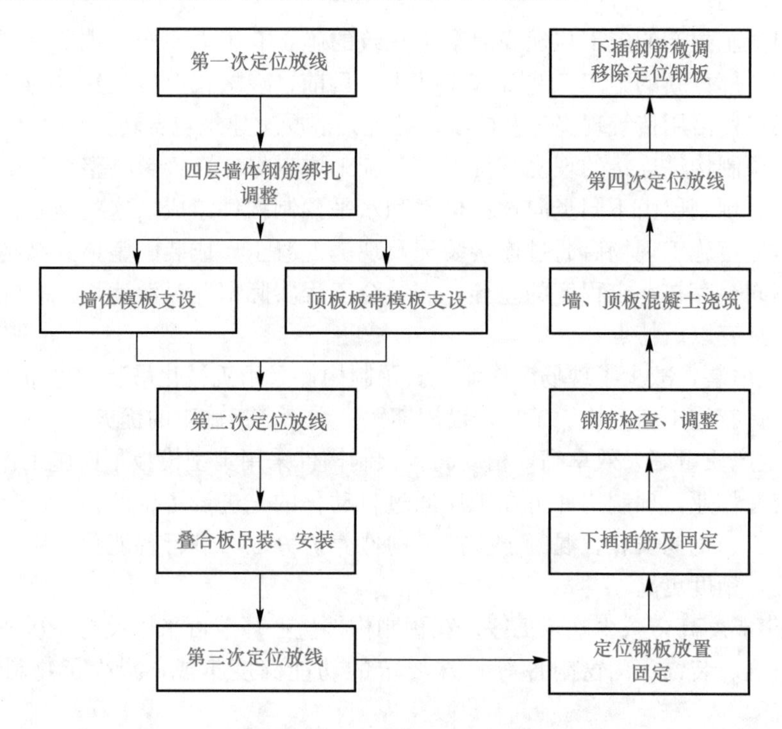

图6-1 转换层施工工艺流程示意(四层改转换层)

转换层施工工艺主要步骤简要阐述如下：

(1)第一次定位放线。以轴线偏移1 m作为控制轴线，依据控制轴线弹出转换层墙线及钢筋控制线。

(2)墙体钢筋绑扎及调整。转换层墙体钢筋位置与灌浆套筒位置调整灌浆套筒连接钢筋，位置合适的钢筋上延；偏移≤100 mm的钢筋按照1∶6比例调整；偏移>100 mm的钢筋在顶板处弯锚封头，重新插筋。

(3)墙体模板、顶板板带模板支设。模板可采用铝合金模板。墙体模板支设，一次合模至转换层顶板底；顶板板带模板上平标高与叠合板底标高为同一高度。

(4)第二次定位放线。墙体模板、顶板板带模板及叠合板龙骨验收合格后，使用经纬仪将预制叠合板位置线和控制线测标记到已加固好的墙体模板顶及板带上，板带与叠合板接触封边部位粘贴海绵胶带，防止板带浇筑混凝土时漏浆，以此控制叠合板的位置。

(5)叠合板吊装、安装。根据叠合板位置及控制线，按吊装要求进行叠合板吊装、安装。

(6)第三次定位放线。叠合板安装完成后，使用经纬仪将预制墙体位置线及控制线和套筒连接钢筋位置线测放到叠合板板面上，为保证预制构件中灌浆钢筋锚固长度，外伸灌浆钢筋于转换层顶板出头长度不小于 $8d$（d 为钢筋直径）。将标高水平控制点引测在现浇节点钢筋上，控制套筒连接钢筋高度。

(7)定位钢板放置、固定。根据测放的预制墙体位置线及控制线进行定位钢板的放置、固定，套筒连接钢筋位置线复核使用的定位钢板是否正确。

(8)下插插筋及固定。根据定位钢板孔位插入后插钢筋，下插钢筋时需保证钢筋锚固长度大于 $1.2L_{aE}$，根据定位钢板孔位，调整灌浆钢筋的相对位置并复核定位钢板与定位钢板控制线的相对位置。

(9)墙、顶板混凝土浇筑。在顶板钢筋绑扎验收完成后进行混凝土浇筑。在进行墙体混凝土浇筑时，应严格分层，墙体一般部位使用 ϕ50 mm 的插入式振捣棒，对墙体顶部有定位钢板部分的墙体，可通过定位钢板预留的混凝土浇筑孔浇筑混凝土并进行振捣。振捣时，应采用小直径振捣棒(ϕ30 mm)并加强振捣，确保混凝土的浇筑质量。

(10)第四次定位放线。顶板浇筑完毕并达到上人强度后，进行第四次定位放线，依靠控制轴线放出定位钢板控制线和灌浆钢筋控制线，用以校核定位钢板和外伸灌浆钢筋的位置。

(11)下插钢筋微调、移除定位钢板。根据定位钢板控制线校核定位钢板是否在混凝土浇筑过程中出现位移。校核位置无误后，去除定位钢板固定措施筋后，向上垂直移除定位钢板。

6.1.2 连接钢筋要求

转换层中预制构件连接钢筋的位置、长度等指标对装配式混凝土建筑的质量影响巨大，在现浇混凝土浇筑前后应进行详细检查，并做好记录。

(1)检查预埋钢筋的型号、规格、直径、数量及尺寸是否正确，保护层是否满足设计要求。

(2)检查钢筋是否存在严重锈蚀、油污和混凝土残渣等影响钢筋与混凝土握裹力的因素，如有问题需及时更换或处理。

(3)根据楼层标高控制线，采用水准仪复核外露钢筋预留搭接长度是否符合设计尺寸要求。

(4)根据施工楼层轴线控制线，检查控制预留钢筋间距和位置的钢筋定位模板安装位置是否准确、固定是否牢固。如有问题需及时调整校正，以确保伸出钢筋的间距和位置准确。

(5)混凝土浇筑完成后，需再次对伸出钢筋进行复核检查，其长度误差不得大于 5 mm，其位置偏差不得大于 2 mm。

转换层连接钢筋定位如图 6-2 所示。

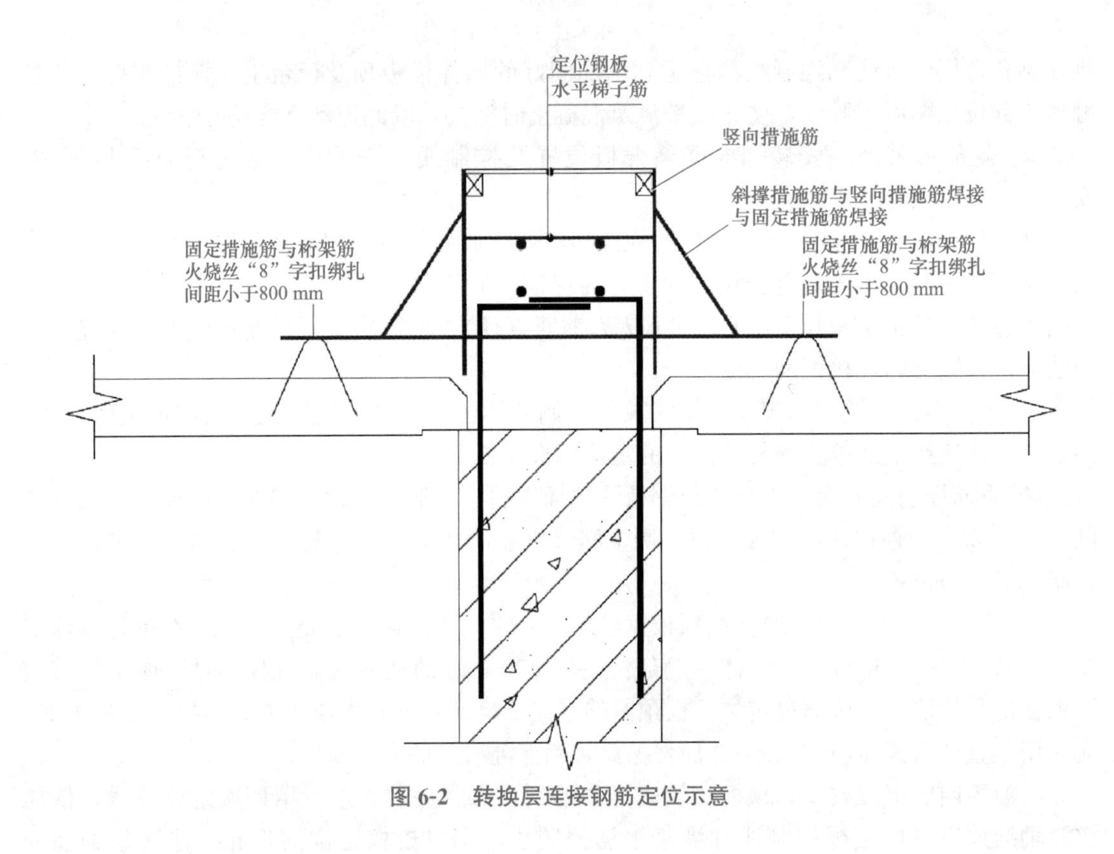

图 6-2　转换层连接钢筋定位示意

6.1.3　混凝土质量要求

在转换层混凝土模板拆除后，应及时对预制构件连接部位的现浇混凝土质量进行检查，并对存在的缺陷进行处理。

(1)采用目测观察混凝土表面是否存在漏振、蜂窝、麻面、夹渣等现象，现浇部位是否存在裂缝。如果存在上述质量缺陷问题，应由专业修补工人及时采用同等强度等级的混凝土进行修补或采取高强度灌浆料进行修补。

(2)采用卷尺和靠尺检查现浇部位位置及截面尺寸是否正确，一旦存在胀模现象，需要进行剔凿处理。

(3)采用检测尺对现浇部位垂直度、平整度进行检查。

(4)待混凝土达到一定龄期后，用回弹仪对混凝土强度值进行检查。

6.2　预制构件吊装

6.2.1　预制构件吊装基本要求

预制构件的吊装要严格根据施工组织设计的规定要领进行。吊装之前需要认真学习和理解深化设计图纸、吊装方案及与吊装相关的安全规范等。预制构件吊装施工流程主要包括构件起吊、就位、调整、脱钩等环节。通常，在楼面混凝土浇筑完成后开始准备工作。准备工作包括测量放线、临时支撑就位、斜撑连接件安放、止水胶条粘贴等内容。预制构件吊装施工主要涉及钢筋工种的界面配合工作。预制构件吊装主要应做好以下工作：

(1)确认目前吊装所用的预制构件是否进场、验收、堆放位置和起重机吊装动线是否正确。

(2)机械器具的检查。

1)检查主要吊装用机械器具，检查确认其必要数量及安全性。

2)检查构件吊起用器材、吊具等。

3)吊装用斜向支撑和支撑架准备。

4)检查焊接器具及焊接用器材。

5)临时连接铁件准备。

(3)确认从业人员资格及施工指挥人员。

1)在进行吊装施工之前，要确认吊装从业人员资格及施工指挥人员。

2)工程办公室要备齐指挥人员的资格证书复印件和吊装人员名单，并制成一览表贴在会议室等处。

(4)信号指示方法确认。吊装确定专门的信号指挥者，并确认信号指示方法不会影响吊装施工的顺利进行。

(5)吊装施工前的确认。

1)建筑物总长、纵向和横向的尺寸及标高。

2)结合用钢筋及结合用铁件的位置与高度。

3)吊装精度测量用的基准线位置。

(6)预制构件吊点、吊具及吊装设备应符合下列规定：

1)预制构件起吊时的吊点合力宜与构件重心重合，可采用可调式横吊梁均衡起吊就位。

2)预制构件吊装宜采用标准吊具，吊具可采用预埋吊环或内置式连接钢套筒的形式。

3)吊装设备应在安全操作状态下进行吊装。

(7)预制构件吊装应符合下列规定：

1)预制构件应按施工方案的要求吊装，起吊时绳索与构件水平面的夹角不宜小于60°，且不应小于45°。

2)预制构件吊装应采用慢起、快升、缓放的操作方式。预制墙板就位宜采用由上而下的插入式安装形式。

3)预制构件吊装过程不宜偏斜和摇摆，严禁吊装构件长时间悬挂在空中。

4)预制构件吊装时，构件上应设置缆风绳控制构件转动，保证构件就位平稳。

5)预制构件的混凝土强度应符合设计要求。当设计无具体要求时，混凝土同条件立方体抗压强度不宜小于混凝土强度等级值的75%。

(8)预制构件吊装应及时设置临时固定措施，临时固定措施应按施工方案设置，并在安放稳固后松开吊具。

6.2.2 预制构件安装流程

装配式混凝土建筑预制构件安装流程主要以标准层施工工序为依据。其中，剪力墙结构的预制构件安装施工流程如图 6-3 所示。

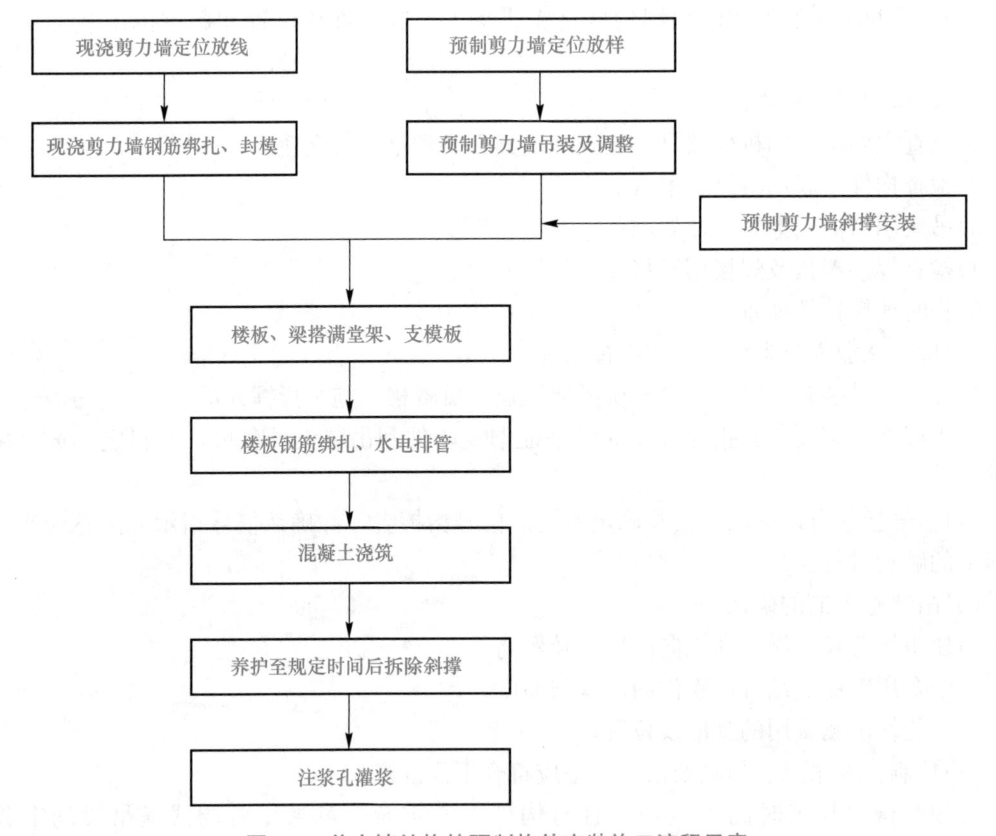

图 6-3 剪力墙结构的预制构件安装施工流程示意

6.2.3 预制构件进场检查

预制构件进场检查主要包括以下内容：

(1)预制构件运抵现场卸货前要进行质量验收，主要验收内容包括构件的外观、尺寸、预埋件、特殊部位处理等方面。对特殊形状的构件或特别要注意的构件要放置在专用台架上认真进行检查。

(2)预制构件的验收检查由质检员或预制构件接收负责人完成，检查频率为 100%。可以使用构件发货时的检查单等材料对构件进行接收检查，也可以根据施工单位的项目计划书中的质量控制要求制定检查表。

(3)如果构件产生影响结构、防水和外观的裂缝、破损、变形等状况时，要与原设计单位商议是否继续使用这些构件或直接废弃。

(4)通过目测对全部构件进行接收检查，主要检查项目如下：

1)构件名称；
2)构件编号；
3)生产日期；
4)构件上的预埋件位置、数量；
5)构件裂缝、破损、变形等情况；
6)后期零部件、构件突出的钢筋等。

6.2.4 测量放线

测量放线是预制构件安装的第一道工序，对保证预制构件安装精度具有重要的作用。测量放线应遵循先整体后局部的原则，放线完毕后，需要质检人员认真复核确认，才能进行下一步施工。典型的测量放线工序如下：

(1)首层定位轴线的四个基准外角点(距离相邻两条外轴线 1 m 的垂线交点)：使用经纬仪从四周龙门桩上引入，或使用全站仪从现场 GPS 坐标定位的基准点引入；楼层标高控制点用水准仪从现场水准点引入。

(2)首层定位线：使用经纬仪利用引入的四个基准外角点放出楼层四周外墙轴线。待轴线复核无误后，作为本层的基准线。

(3)外墙位置线：以四周外墙轴线为基准线，使用 5 m 钢卷尺放外墙安装位置线。先放出四个外墙角位置线，后放出外墙中部墙体位置线。

(4)内墙位置线：待四周外墙位置线放好后，以此为控制线，使用 5 m 钢卷尺为工具放出内墙位置线。先放出楼梯间的三面内墙位置线，再放出其他内墙位置线；先放出大墙位置线，后放出小墙位置线；先放出承重墙位置线，后放出非承重墙位置线。

(5)门洞线：在预留门洞处必须准确无误地放出门洞线。

(6)墙体安装控制线：在外墙内侧，内墙两侧 20 cm 处放出墙体安装控制线(图 6-4)。

(7)墙体标高：使用水准仪利用楼层标高控制点，控制好预制墙体下垫块表面标高。

(8)水平构件标高控制线：待预制墙体构件安装好后，使用水准仪利用楼层标高控制点，在墙体放出 50 cm 控制线，以此作为预制叠合梁、板和现浇板模板安装标高控制线。

(9)楼梯控制线：根据墙线外侧 20 cm 控制线，放出预制楼梯叠合梁安装轴线；根据墙体上弹好的 50 cm 控制线，放出预制楼梯叠合梁安装标高，要注意预制楼梯板表面建筑标高与 50 cm 控制线结构标高的高差(图 6-5)。

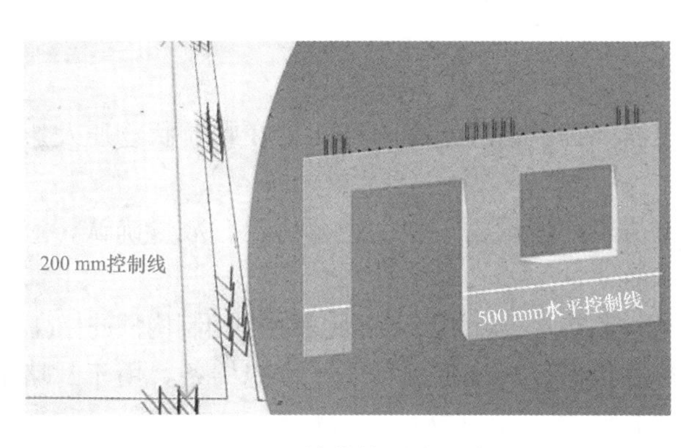

图 6-4 墙体控制线示意

图 6-5 楼梯水平定位线及控制线示意

在楼梯间相应的剪力墙上弹出楼梯踏步的最上一步及最下一步位置，用来控制楼梯安装标高位置。

(1)混凝土浇筑控制线：在混凝土浇捣前，使用水准仪、标尺放出上层楼板结构标高，在预制墙体构件预留插筋上相应水平位置缠好白胶带，以白胶带下边线为准。在白胶带下边线位置系上细线，形成控制线，控制住楼板、梁混凝土施工标高。

(2)上层标高控制线：用水准仪和标尺由下层控制线引用至上层。构件安装测量允许偏差：平台面抄平±1 mm；预装过程汇总抄平±2 mm。

6.2.5 预制构件吊装流程及准备工作要点

1. 预制构件吊装流程

预制构件卸货时一般直接堆放在起重机可直接吊装的区域，避免出现二次搬运情况。一方面可降低机械使用费用；另一方面也可减少搬运过程中出现的破损情况。如果因为场地条件限制，无法一次性堆放到位，可根据现场实际情况，选择塔式起重机或汽车式起重机进行场地内二次搬运。预制构件吊装流程如图6-6所示。

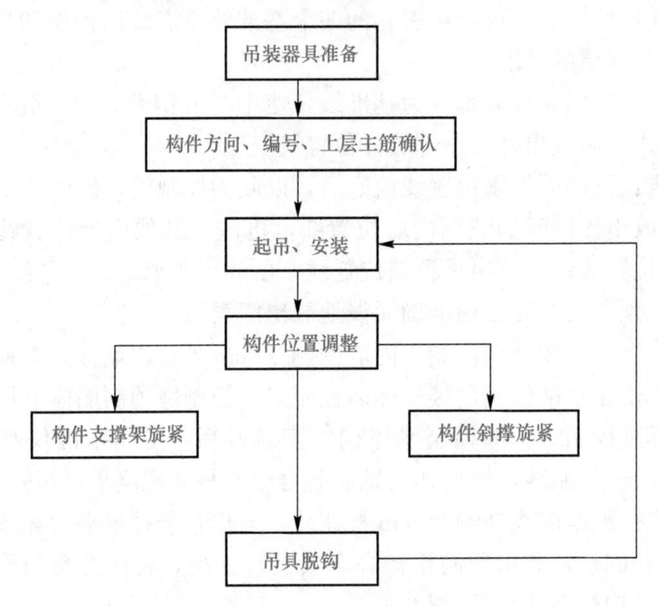

图6-6　预制构件吊装流程示意

2. 预制构件吊装准备工作要点

(1)预制构件放置位置的接触面混凝土需要提前清理干净，不能存在颗粒状物质及影响连接性能的粉尘等。

(2)预制构件吊装前需要对楼层混凝土浇筑前埋设的预埋件进行位置、数量确认，避免因找不到预埋件影响吊装进度、工期。

(3)构件吊装前需要对楼面预制构件高程控制垫片进行测设，以此来控制预制构件的标高。

(4)楼面预制构件外侧边缘或三明治外墙板保温层位置预粘贴止水泡棉条，用于封堵水平接缝，为后续灌浆施工作业做准备。

6.2.6 预制墙板安装

1. 工艺流程

以三明治夹心保温外墙板为例介绍预制墙板安装工艺流程：测量放线→预制墙板安装准备(钢筋校正、标高调整和外墙外侧底部封仓等)→预制墙板吊装就位→斜支撑安装→预制墙板调整就位。

2. 安装要求

(1)预制墙板安装应设置带调节装置的临时斜撑，每块预制墙板的临时斜撑应不少于2道，墙板上斜撑支撑点位置距离底板不宜大于板高的2/3，且不应小于板高的1/2，安装斜支撑的预埋件应定位准确、受力可靠。

(2)预制墙板安装时应设置底部限位装置，每件预制墙板底部限位装置不少于2个，间距不宜大于4 m。

(3)预制墙板安装垂直度应满足以外墙板面垂直为主。

(4)预制墙板拼缝校核与调整应以竖缝为主、横缝为辅。

(5)预制墙板阳角位置相邻的平整度校核与调整，应以阳角垂直为基准。

3. 质量控制要点

(1)安装准备。

1)基面清理。预制墙板与现浇结构结合面应清理干净，不得有油污、浮灰、粘贴物、木屑等杂物，粗糙面不得有松动的混凝土碎块和石子，与灌浆料接触的表面宜用水润湿且不得有明显积水。

2)钢筋校正。通过平面控制线，检查本层预留的套筒钢筋的位置及垂直度，对超过允许偏差的钢筋进行调整，保证套筒钢筋位置准确，便于预制墙体顺利就位。

3)标高调整。预制墙板吊装前，应在预制墙体根部设置垫片加坐浆料，使其顶标高满足预制墙板安装底标高的要求，如图6-7所示。

图6-7　垫片加坐浆料示意

4)外墙外侧底部封仓。预制墙体与楼板有20 mm灌浆层，按照设计要求的PE条对外墙外侧进行封堵，PE条应安装严密、牢固。

(2)预制墙板吊装就位。

1)预制墙体安装前，操作人员应熟悉构件安装位置和吊装顺序，严格按照吊装方案进行吊装。吊装负责人应在预制构件吊装前，仔细核对构件使用部位、相关技术质量信息，确认准确无误后方可吊装作业。

2)墙板吊装采用模数化吊装梁，根据预制墙板的吊环位置采用合理的起吊点，用卸扣将钢丝绳与外墙板的预留吊环连接(图6-8、图6-9)，起吊至距离地面约为500 mm，检查构件外观质量及吊环连接无误后方可继续起吊。起吊要求缓慢、匀速，保证预制墙板边缘不被损坏。

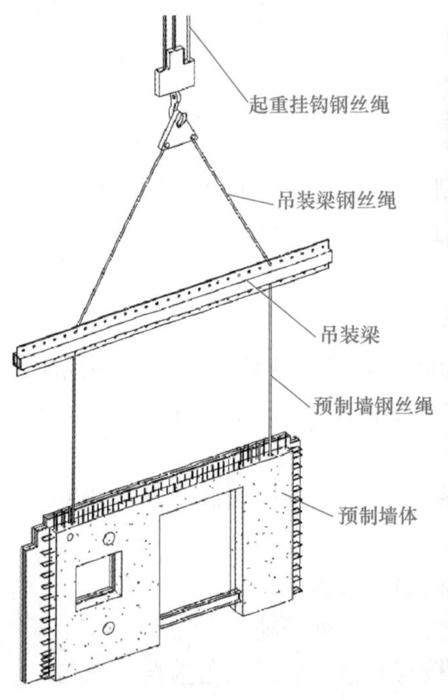

图 6-8　预制墙板吊装示意

图 6-9　预制墙板吊装现场

3)预制墙板吊装时，要求塔式起重机缓慢起吊，依据墙边控制线快速定位吊至作业层上方约 500 mm 时，停止塔式起重机下降，检查墙板的正反面是否与图纸一致，施工人员用溜绳将墙板拉住，然后缓缓下降。

4)待到距离预埋钢筋顶部约 2 cm 时，先利用镜子(图 6-10)将套筒位置与地面预埋钢筋位置对准后，再将墙板慢慢下落就位(图 6-11)。

图 6-10　镜子对照墙板就位示意

图 6-11　预制墙板吊装就位示意

预制构件与吊具的分离应在校准定位及临时支撑安装完成后进行。

(3)斜支撑安装。

1)支撑体系组成：预制墙板斜支撑结构由支撑杆、U 形卡座组成。其中，支撑杆由正反调节丝杆、外套筒、手把、正反螺母、高强度销轴、固定螺栓组成。斜支撑安装示意如图 6-12 所示。

2)用螺栓将预制墙板的斜支撑杆上端安装在预制墙板上，下端安装在现浇楼板上预埋螺栓固定连接件上，进行初调，保证墙板的大致竖直。

3)在预制墙板初步就位后，利用固定可调节斜支撑螺栓杆进行临时固定，方便后续墙板的精确校正。

4)临时固定措施。临时支撑系统应具有强度、刚度和整体稳固性，应按照国家有关规定进行验算。

(4)预制墙板调整。预制墙板安装后，应对安装位置、安装标高和垂直度进行校核与调整。

1)依据楼板面上弹出的墙板控制线，利用镜子、小型千斤顶等工具调整预制墙板的墙身位置，确定后用短斜支撑调节杆对墙板根部进行固定，如图 6-13 所示。

图 6-12　斜支撑安装示意

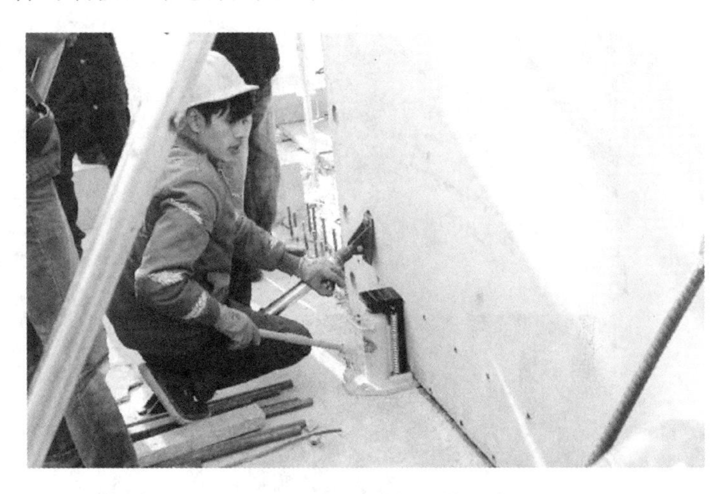

图 6-13　预制墙板调整示意

2)利用预制墙板底部的垫片或螺母调整预制墙板标高。

3)利用线坠或靠尺调整墙体垂直度，确定后用长斜支撑调节杆对墙板顶部进行固定。

6.2.7　预制柱安装

1. 工艺流程

预制柱安装工艺流程：标高找平→竖向预留钢筋校正→预制柱吊装→预制柱安装及校正。

2. 安装要求

(1)预制柱安装前应校核轴线、标高及连接钢筋的数量、规格、位置。

（2）预制柱安装就位后在两个方向应采用可调斜撑做临时固定，并进行垂直度调整及在柱子四角缝隙处加塞垫片。

3. 质量控制要点

（1）标高找平。预制柱安装施工前，通过激光扫平仪和钢尺检查楼板面平整度，用铁制垫片调整楼层平整度直至允许范围内。

（2）竖向预留钢筋校正。根据定位控制线，采用钢筋限位框，对预留插筋进行位置复核。对有弯折预留插筋采用钢筋校正器进行校正，以确保预制柱连接的质量。

（3）预制柱吊装。预制柱吊装采用慢起、快升、缓放的操作方式。塔式起重机缓缓持力，将预制柱吊离存放架，然后快速运至预制柱安装施工层。在预制柱安装就位前，应清理柱安装部位基层。

（4）预制柱安装及校正。用起重机将预制柱下落至设计安装位置，下一层预制柱的竖向预留钢筋与预制柱底部的套筒全部连接。吊装就位后，立即加设不少于 2 根的斜支撑对预制柱临时固定。斜支撑与楼面的水平夹角不应小于 60°，如图 6-14 所示。

图 6-14　预制柱安装就位及校正示意

6.2.8 叠合梁吊装

1. 工艺流程

叠合梁安装工艺流程：放线→设置梁底支撑→起吊→就位微调→接头连接。

2. 安装要求

(1)叠合梁安装就位后应对水平度、安装位置、标高进行检查。根据控制线对梁两端进行精密调整，将误差控制在 2 mm 以内。

(2)叠合梁安装时，主梁和次梁深入支座的长度与搁置长度应符合设计要求。

(3)叠合梁内的键槽应在预制叠合楼板安装完成后，采用不低于叠合梁混凝土强度等级的材料填实。

(4)梁吊装前柱核心区内先安装一道柱箍筋，梁就位后再安装两道柱箍筋，之后才能进行梁、墙吊装；否则，柱核心区质量无法保证。

(5)梁吊装前应将所有梁底标高进行统计，有交叉部分梁吊装方案根据先低后高安排施工。

3. 质量控制要点

(1)支撑架搭设。梁底支撑采用钢立杆支撑＋可调顶托，上部铺设方木，可以通过支撑体系的顶丝来调节梁底标高；临时支撑位置应符合设计要求设计无要求时，长度小于或等于 4 m 时应设置不少于 2 道垂直支撑，长度大于 4 m 时应设置不少于 3 道垂直支撑，如图 6-15 所示。

(2)叠合梁吊装。叠合梁一般用两点起吊，叠合梁两个吊点分别位于梁顶两侧距离两侧 $0.2L$(L 为梁长)位置，由生产构件厂家预留。

1)叠合梁安装前准备：将相应叠合梁下的墙体梁窝除钢筋调整到位，适用于叠合梁外露钢筋的安放。

图 6-15 叠合梁支撑架搭设示意

2)吊装安放：先将叠合梁一侧吊点降低穿入支座中再放置另一侧吊点，然后支设底部支撑，如图 6-16 所示。

图 6-16　叠合梁吊装示意

3)根据剪力墙上弹出标高控制线校核叠合梁标高位置，利用支撑可调节功能进行调节。标高符合要求后，叠合梁两头固定，然后摘掉叠合梁挂钩。

4)由于叠合梁分两种形式，封闭箍筋与开口箍筋。

①封闭箍筋：叠合梁安装完成后进行上部现浇层穿筋，直接将上部钢筋穿入箍筋并绑扎即可。

②开口箍筋：将叠合梁安装完毕后，将上层主筋先穿入再将箍筋用专用工具进行封闭，再将主筋与箍筋进行绑扎固定。

(3)叠合梁微调定位。当叠合梁构件初步就位后，两侧借助柱上的梁定位线将梁精确校正。梁的标高通过支撑体系的顶丝来调节，调节同时需将下部可调支撑上紧，此时方可松去吊钩。

6.2.9　预制叠合板安装

1. 工艺流程

预制叠合板安装工艺流程：安装放线→搭设板底独立支撑→吊装→就位→调整校正，如图 6-17 所示。

2. 安装要求

(1)构件安装前应编制合理支撑方案，支撑架体宜采用可调工具式支撑体系，架体必须有足够的强度、刚度和稳定性。

(2)板底支撑间距不应大于 2 m，每根支撑之间高差不应大于 2 mm，标高偏差不应大于 3 mm，悬挑板外端比内端支撑宜调高 2 mm。

(3)预制叠合板安装前，应复制预制板构件端部和侧边的控制线及支撑搭设情况是否满足要求。

(4)预制叠合板安装应通过微调垂直支撑来控制水平标高。

(5)预制叠合板时，应保证水电预埋管位置的准确。

图 6-17　预制叠合板安装流程示意图

(a)独立支撑；(b)起吊；(c)就位；(d)浇筑混凝土；

(e)上铁、水电、预埋件；(f)调整

(6)预制叠合板吊装顺序依次铺开，不宜间隔吊装。在混凝土浇筑前，应校正预制构件的外露钢筋。外伸预留钢筋伸入支座时，预留筋不得弯折。

(7)施工集中荷载或受力较大部位应避开拼接位置。

(8)预制叠合板吊至梁、墙上方 30～50 cm 后，由施工现场人员手扶构件缓慢下降，并应调整板位置，使板锚固筋与梁箍筋错开(图 6-18)。根据梁、墙上已放出的板边和板端控制线，准确就位，偏差不得大于 2 mm，累计误差不得大于 5 mm。板就位后调节支撑立杆，确保所有支撑立杆全部受力。

图 6-18　预制叠合板安装就位示意

3. 质量控制要点

(1)板底支撑架搭设。预制叠合板支撑架应具有足够的承载能力、刚度和稳定性，应能可靠地承受混凝土构件的自重和施工荷载及风荷载，支撑立杆下方应铺 50 mm 厚木板；顶撑上架设方木，可以通过调节方木至设计标高(图 6-19)。

(2)预制叠合板吊装就位。预制叠合板吊装采用专用吊架进行吊装，在预制叠合板吊装过程中，在作业层上空 500 mm 处缓慢降落，由操作人员根据板缝定位线，引导叠合板降落至独立支撑上，并及时检查叠合板的位置尺寸是否符合设计要求，如图 6-20 所示。

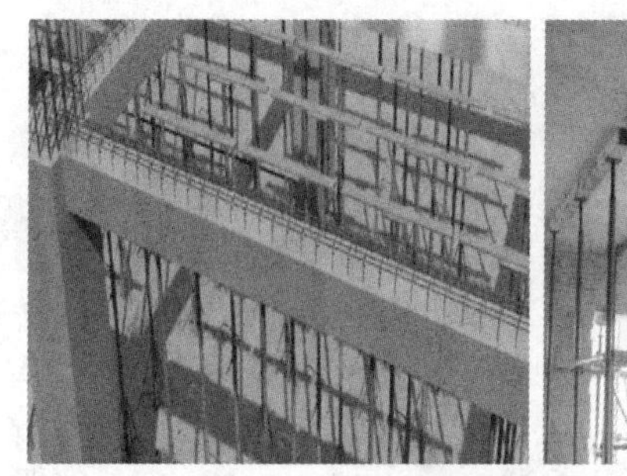

图 6-19　预制板底支撑架搭设示意

图 6-20　施工人员引导预制叠合板下降示意

(3)预制叠合板校正定位。预制叠合板通过调节竖向独立支撑[图 6-21(a)]，确保叠合板满足设计标高要求，通过撬棍调节预制叠合板水平位移，确保叠合板满足设计图纸水平分布要求[图 6-21(b)]。

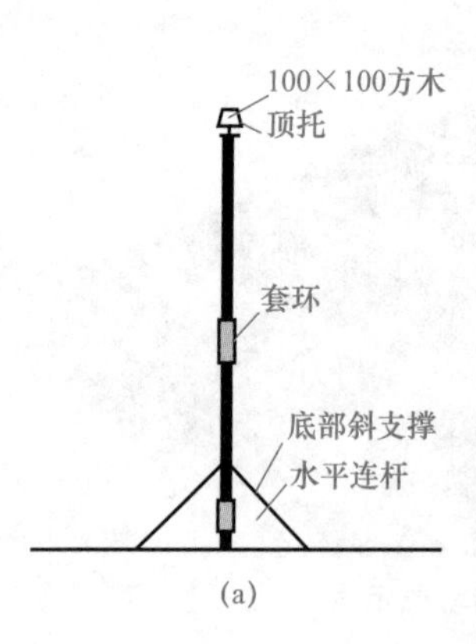

(a)

(b)

图 6-21　预制叠合板就位校正示意

(a)竖向独立支撑；(b)撬棍调节位移

6.2.10　预制楼梯安装

1. 工艺流程

预制楼梯安装工艺流程：放线→垫片及坐浆料施工→预制楼梯吊装→预制楼梯校正→预制楼梯固定。

2. 安装要求

(1)在安装预制楼梯前需要复核楼梯的控制线及标高，做好安装就位点。

(2)预制楼梯吊装应保证上下高差相符，顶面和地面平行，便于安装。

(3)预制楼梯安装就位后，一般采用预制锚固钢筋方式或预埋件焊接或螺栓杆连接方式进行安装。前者一般先放置预制楼梯，在现浇梁或板浇筑连接成整体；后者先施工浇筑梁或板，再搁置预制楼梯进行焊接或螺栓孔灌浆连接，如图 6-22 所示。

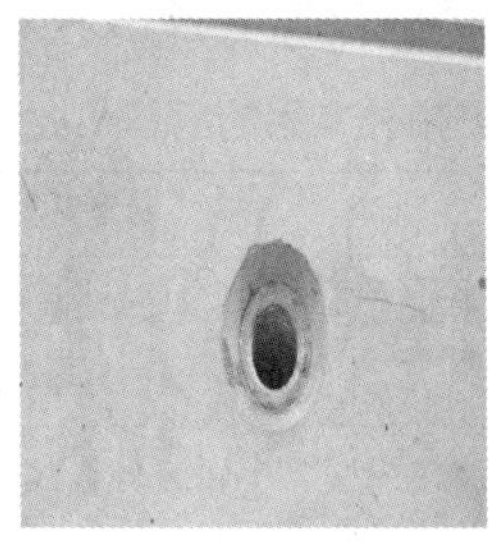

图 6-22　预制楼梯预留螺栓孔示意

3. 质量控制要点

(1)预制楼梯一般采用四点起吊法。使休息平台处于水平位置，试吊预制楼梯板，检查吊点位置是否准确，吊索受力是否均匀，试起吊高度不应超过 1 m。

(2)预制楼梯吊至梁上方 300～500 mm 后，需施工人员牵引预制构件到相应位置，将预制楼梯构件放置在楼梯控制线中，将构件根据控制线精确就位，如图 6-23 所示。

图 6-23　施工人员牵引预制楼梯就位示意

6.3　构件节点机械连接

装配式混凝土结构的连接包括构件钢筋连接及构件之间的现浇混凝土连接。随着钢筋混凝土建筑的大量建造，钢筋连接技术得到很大发展。钢筋连接技术对于提高工程质量、提高劳动生产率，具有十分重要的意义。钢筋连接技术可分为钢筋搭接绑扎连接、钢筋焊缝连接和钢筋机械连接三大类。与绑扎、焊缝连接相比，钢筋机械连接具有明显优势。本节主要介绍装配式混凝土结构中常见的机械连接方式和其他新型连接方式。

6.3.1 钢筋机械连接类型

钢筋机械连接技术最大特点是连接强度高，接头质量稳定，可实现钢筋施工前的预制或半预制，现场钢筋连接时占用工期少，节约能源，降低工人劳动强度，克服了传统的钢筋焊接技术中接头质量受环境因素、钢筋材质和人员素质影响等不足。国内外常用的钢筋机械连接类型见表 6-1。国内常用的钢筋机械连接接头如图 6-24～图 6-27 所示。

表 6-1 国内外常用的钢筋机械连接类型

	类型	接头种类	概要	应用状况
钢筋机械连接接头	钢筋头部不加工	螺栓挤压接头	用垂直于套筒和钢筋的螺栓拧紧挤压钢筋的接头	国外有应用
		熔融金属充填套筒接头	由高热剂反应产生熔融金属充填在钢筋与连接件套筒之间形成的接头	美国有应用；国内偶有应用
		套筒灌浆接头	用特制的水泥浆充填在钢筋与连接件套筒之间硬化后形成的接头	主要应用于装配式混凝土结构住宅工程
		精轧螺纹钢筋接头	精轧螺纹钢筋上用带有内螺纹的连接器进行连接或拧上带螺纹的螺母进行拧紧的接头	国外广泛应用于交通、工业和民用等建筑
		套筒挤压接头	通过挤压力使连接件钢套筒塑性变形与带肋钢筋紧密咬合形成的接头	广泛应用于大型水利工程、工业和民用建筑、交通、高耸结构、核电站等工程；国内装配式住宅偶有采用
	钢筋头部加工	锥螺纹接头	通过钢筋端头特制的锥形螺纹和连接件锥螺纹咬合形成的接头	广泛应用于工业和民用等建筑
		镦粗直螺纹接头	通过钢筋端头镦粗后制作的直螺纹和连接件螺纹咬合形成的接头	广泛应用于交通工业和民用、核电站等建筑
		滚轧直螺纹接头	通过钢筋端头直接滚轧或剥肋后滚轧制作的直螺纹和连接件螺纹咬合形成的接头	广泛应用于交通工业和民用、核电站等建筑，应用量较大
		承压钢筋端面平接头	两钢筋头端面与钢筋轴线垂直，直接传递压力的接头	欧美应用于地下工程，我国不应用
	复合接头	钢筋螺纹半灌浆接头	钢筋灌浆接头连接件的一头是内螺纹与钢筋头加工的螺纹连接的接头	主要应用于装配式住宅工程
		套筒挤压螺纹接头	套筒挤压一头是内螺纹与钢筋头加工的螺纹连接的接头	多应用于旧结构续建工程
		摩擦焊螺纹接头	将车制的螺柱用摩擦焊焊接在钢筋头上，用连接件连接的接头。在工厂加工的螺纹精度高，接头的刚度也高，摩擦焊是可靠性高的焊接方法，接头质量高	国外广泛应用于交通、工业和民用等建筑

钢筋机械连接有明显优势，与绑扎、焊接相比具有如下优点：

(1)连接强度和韧性高，连接质量稳定、可靠。接头抗拉强度不小于被连接钢筋实际抗拉强度或钢筋抗拉强度标准值的 1.10 倍。

(2)钢筋对中性好，连接区段无钢筋重叠。

(3)适用范围广，对钢筋无可焊性要求，适用直径 12～50 mmHRB335、HRB400、HRB500 钢筋在任意方位的同径、异径连接。

(4)施工方便、连接速度快。现场连接装配作业，占用时间短。

(5)连接作业相对简单，无须专门技艺，经过培训即可。

(6)接头检验方便直观，无须探伤。

(7)施工环保。现场无噪声污染，安全可靠。

(8)节约能源设备。设备功率仅为焊接设备的 1/6～1/50，不需专用配电设施，不需架设专用电线。

(9)全天候施工。不受风、雨、雪等气候条件的影响。

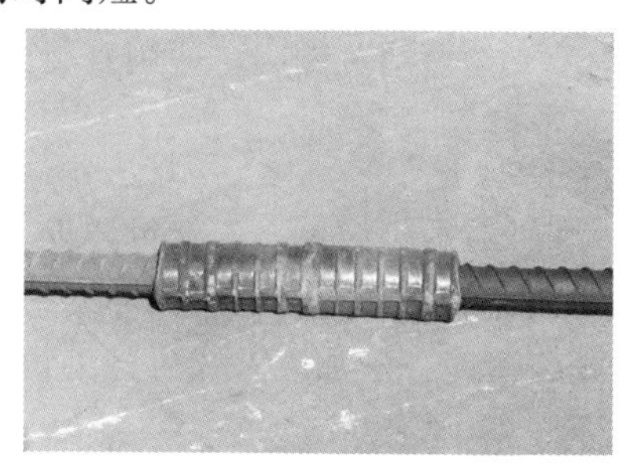

图 6-24　冷挤压接头

图 6-25　直螺纹接头

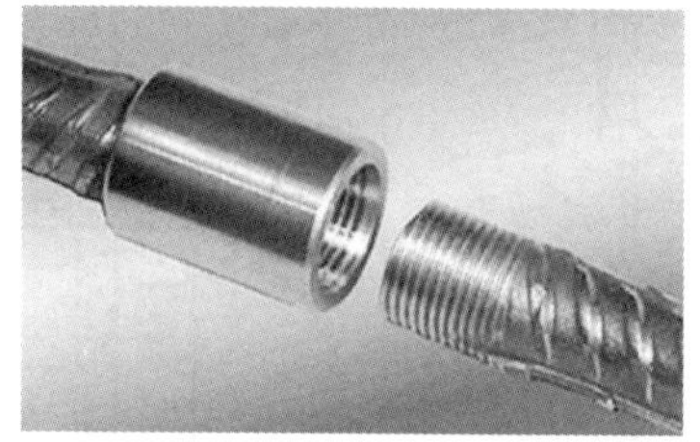

图 6-26　镦粗直螺纹接头

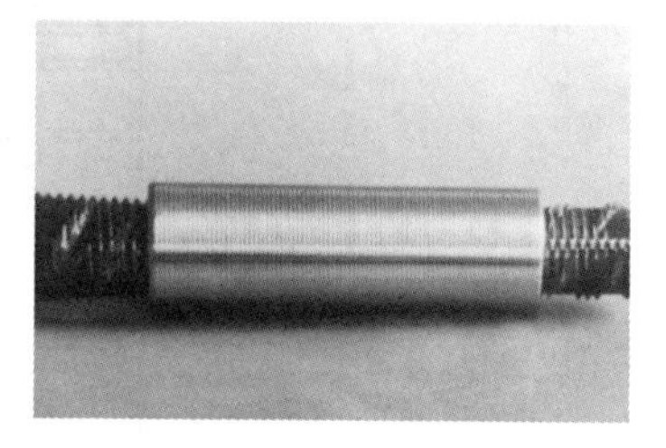

图 6-27　锥螺纹接头

6.3.2　灌浆套筒连接

灌浆套筒连接技术发源于美国，该技术和产品是美籍华裔结构工程师余占疏博士在 20 世纪 60 年代发明的，并在 20 世纪 60—80 年代就钢筋连接套筒、钢筋连接接头申请了多项专利。后期，日本某公司收购了该专利，并将美国专利技术进一步发展，应用于各类装配式混凝土结构建筑。2009 年以来，我国多家单位致力于新型钢筋连接技术的研究和应用，结合《钢筋机械连接技术规程》(JGJ 107—2016)，学习借鉴国外套筒灌浆技术，相继研发出多种全灌浆式钢筋连接套筒与半灌浆式钢筋连接套筒技术，并开展了该类连接的受力性能研究，编制了《钢筋连接用灌浆套筒》(JG/T 398—2019)、《钢筋连接用套筒灌浆料》(JG/T 408—2019)、《钢筋套筒灌浆连接应用技术规程》(JGJ 355—2015)等行业标准。同时，国内科研单位和企业开展了采用这些套筒连接技术的预制墙、预制柱等构件和预制框架节点的力学性能研究，研究结果表明该类构件可达到等同现浇的结构设计性能，并编制了《装配式混凝土结构技术规程》(JGJ 1—2014)、《装配式混凝土建筑技术标准》(GB/T 51231—2016)等标准指导装配式建筑设计、生产和施工，有力地促进了我国装配式混凝土建筑技术的发展与应用。

灌浆套筒连接的优点如下：

(1)套筒连接接头强度高：接头按照美国机械连接标准 ASTM A 1034 测试、强度达到美国规范 ACI 318－08 中的 type2 接头要求，同时满足行业标准《钢筋机械连接技术规程》(JGJ 107—2016)中的Ⅰ级接头性能的要求。钢筋接头抗拉强度不小于被连接钢筋实际抗拉强度或钢筋抗拉强度标准值的 1.15 倍，残余变形小并具有高延性及反复拉压性能。

(2)套筒加工与灌浆料采用工厂化作业，质量稳定。

(3)独特的定位与密封设计使套筒与钢筋现场安装及预制构件的拼装快速、精确。

(4)适用范围广。适用直径为 12～40 mm 的 HRB400 和 HRB500 钢筋的连接。

1. 灌浆套筒

(1)采用铸造工艺或机械加工工艺制造，用于钢筋套筒灌浆连接的金属套筒，简称灌浆套筒。从材质方面可分为球墨铸铁套筒和钢质套筒；从结构形式上可分为全灌浆套筒和半灌浆套筒；从加工方式可分为铸造成型套筒和机械加工成型套筒。典型的灌浆套筒示意如图 6-28 所示。

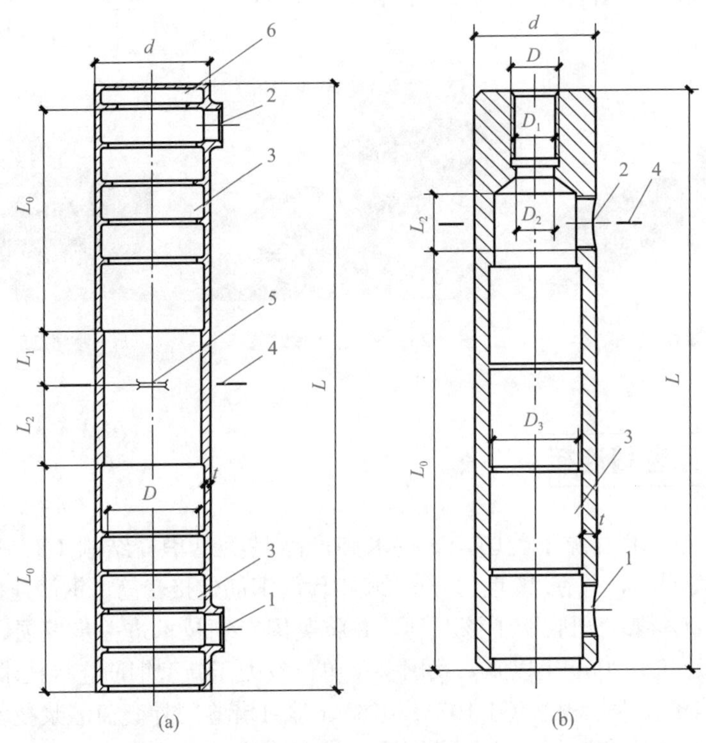

图 6-28　灌浆套筒示意

(a)全灌浆套筒；(b)半灌浆套筒

1—灌浆孔；2—排浆孔；3—剪力槽；4—强度验算用截面；5—钢筋限位挡；6—安装密封垫的结构

尺寸：L—灌浆套筒总长；L_0—锚固长度；L_1—预制端预留钢筋安装调整长度；

L_2—现场装配端预留钢筋安装调整长度；t—灌浆套筒壁厚；d—灌浆套筒外径；D—内螺纹的公称直径；

D_1—内螺纹的基本小径；D_2—半灌浆套筒螺纹端与灌浆端连接处的通孔直径；

D_3—灌浆套筒锚固段环形凸起部分的内径

注：D_3 不包括灌浆孔、排浆孔外侧因导向、定位等其他目的而设置的比

锚固段环形凸起内径偏小的尺寸。D_3 可以为非等截面。

(2)灌浆套筒构造要求。

1)灌浆套筒长度应根据试验确定，且灌浆连接端钢筋锚固长度不宜小于 8 倍钢筋直径，灌浆套筒中间轴向定位点两侧应预留钢筋安装调整长度，预制端不应小于 10 mm，现场装配端不应小于 20 mm。

2)剪力槽的数量应符合表 6-2 的规定；剪力槽两侧凸台轴向厚度不应小于 2 mm。

表 6-2 剪力槽数量

连接钢筋直径/mm	12～20	22～32	36～40
剪力槽数量/个	≥3	≥4	≥5

3)采用机械加工工艺生产的灌浆套筒的壁厚不应小于 3 mm；采用铸造生产工艺生产的灌浆套筒的壁厚不应小于 4 mm。

4)半灌浆套筒螺纹端与灌浆端连接处的通孔直径设计不宜过大，螺纹小径与通孔直径差不应小于 2 mm，通孔的长度不应小于 3 mm。

2. 灌浆料

灌浆料是一种以水泥为基本材料，并配以细骨料、外加剂及其他材料混合而成的用于钢筋套筒灌浆连接的干混料。灌浆料可分为常温型灌浆料和低温型灌浆料。常温型灌浆料适用于灌浆施工及养护过程中 24 h 内温度不低于 5 ℃工况；低温型灌浆料适用于灌浆施工及养护过程中 24 h 内温度不低于−5 ℃，且灌浆施工过程中温度不高于 10 ℃的工况。

3. 灌浆设备工具

(1)灌浆设备可分为电动灌浆设备(图 6-29)和手动灌浆设备(图 6-30)。

1)电动灌浆设备的优点：流量稳定，快速慢速可调，适合泵送不同黏度的灌浆料。故障率低，泵送可靠，可设定泵送极限压力。使用后需要认真清洗，防止浆料固结堵塞设备。

2)手动灌浆设备的优点：适用单仓套筒灌浆、制作灌浆接头，以及水平缝连通腔不超过 30 cm 的少量接头灌浆、补浆施工。

图 6-29 电动灌浆设备示意

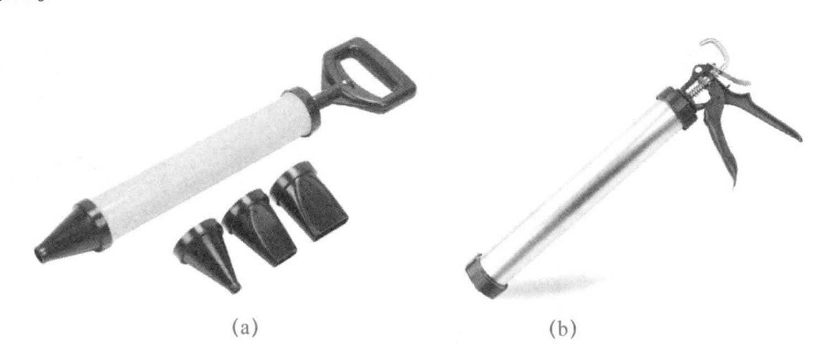

(a) (b)

图 6-30 手动灌浆设备示意

(a)推压式灌浆枪；(b)按压式灌浆枪

(2)常用的灌浆料称量及检验工具见表 6-3。

表 6-3　灌浆料称量检验工具

工作项目	工具名称	规格参数	照片
流动度检测	圆截锥试模	上口×下口×高 ϕ70 mm×ϕ100 mm×60 mm	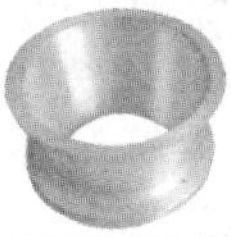
	钢化玻璃板	长×宽×厚 500 mm×500 mm×6 mm	
抗压强度检测	试块试模	长×宽×高 40 mm×40 mm×160 mm 三联	
施工环境及材料的温度检测	测温计		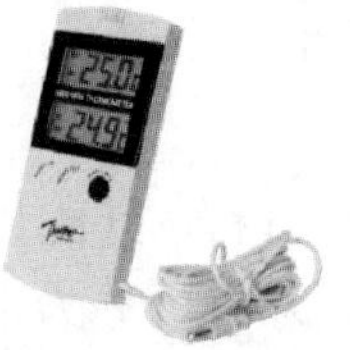 
灌浆料、拌合水称量	电子秤	30～50 kg	 
拌合水计量	量杯	3 L	
灌浆料拌合容器	平底金属桶 (最好为不锈钢制)	ϕ300×400，30 L	
灌浆料拌合工具	电动搅拌机	功率： 1 200 ～1 400 W； 转速：0～800 r/min 可调； 电压： 单相 200 V/50 Hz； 搅拌头：片状或圆形花篮式	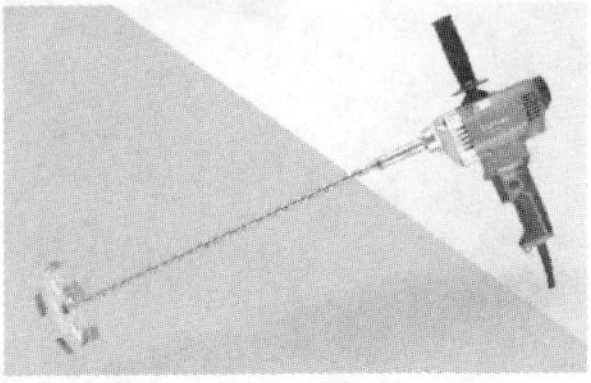

4. 灌浆工艺流程

预制构件灌浆连接施工作业工艺如图 6-31 所示。

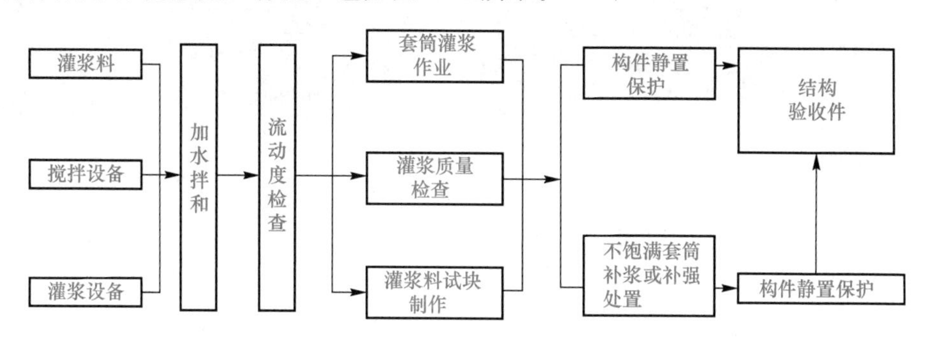

图 6-31 预制构件灌浆连接施工作业工艺

5. 灌浆施工

(1)分仓、封缝。采用电动灌浆泵灌浆时，一般单仓长度不超过 1 m。仓体越大，灌浆阻力越大、灌浆压力越大、灌浆时间越长，对封缝的要求越高，灌浆不满的风险也越大。采用手动灌浆枪灌浆时，单仓长度不宜超过 0.3 m，如图 6-32(a)所示。分仓隔墙宽度应不小于 2 cm，为防止遮挡套筒孔口，距离连接钢筋外缘应不小于 4 cm，如图 6-32(b)所示。

封缝时两侧须内衬模板(通常为便于抽出的 PVC 管)，将拌好的封堵料填塞充满模板，保证与上下构件表面结合密实。然后，抽出内衬。分仓后在构件相对应位置做出分仓标记，记录分仓时间，便于指导灌浆。

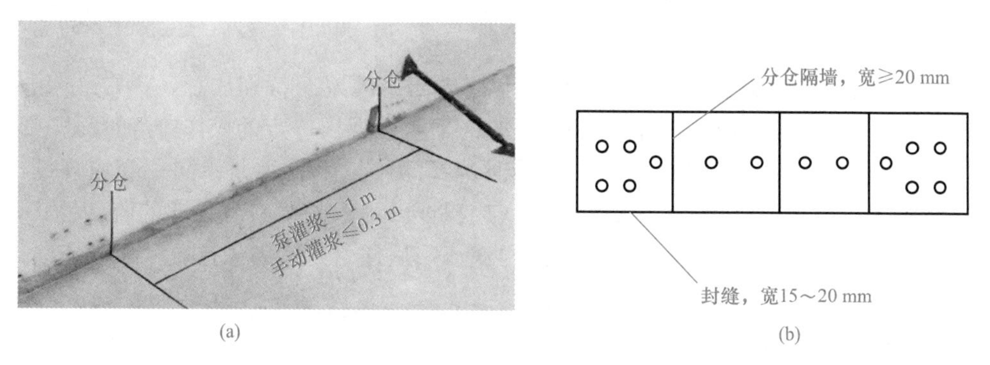

图 6-32 分仓规范要求

(a)分仓长度；(b)分仓隔墙及封缝宽度

(2)灌浆料搅拌。灌浆料与水的拌和应充分、均匀，通常是在搅拌容器内先加水，后加灌浆料干粉料，并使用产品要求的搅拌设备，在规定的时间范围内将浆料拌和均匀，使灌浆料内添加的各种外加剂充分发挥其功能，灌浆料具备其应有的工作性能。

灌浆料搅拌时，应保证搅拌容器的底部边缘死角处的灌浆干粉与水充分拌和，搅拌时间从开始投料到搅拌结束应不少于 5 min，搅拌机叶片不得提至浆料液面之上，以免带入空气。搅拌后灌浆料应在 30 min 内使用完毕。拌置时需要按照灌浆料使用说明的要求进行，严格控制水料比、拌置时间，待搅拌均匀后需静置 2～3 min 排气，尽量排出搅拌时卷入浆料的气体，保证最终灌浆料的强度性能，如图 6-33 所示。

图 6-33　灌浆料搅拌示意

(3)流动度检测。灌浆料流动度是保证灌浆连接施工的关键性能指标，灌浆施工环境的温度、湿度差异，影响灌浆的可操作性。在任何情况下，流动度低于要求值的灌浆料都不能用于灌浆连接施工，以防止构件灌浆失败而造成事故。

在灌浆作业施工前，应首先进行流动度的检测(图 6-34)，在流动度值满足要求后方可施工，施工中注意灌浆时间长度应短于灌浆料具有规定流动度值的时间长度(可操作时间)。

(4)连通腔灌浆。在正式灌浆前，应逐个检查灌浆孔和出浆孔内有无影响浆料流动的杂物，确保孔路畅通。

用灌浆泵(枪)从接头下方的灌浆孔处向套筒内压力灌浆。特别注意，正常灌浆浆料要在自加水搅拌开始 20～30 min 内灌注完毕(图 6-35)，以保留一定的操作应急时间。

同一仓只能在一个灌浆孔灌浆，不能同时选择两个以上孔灌浆；同一仓应连续灌浆，不得中途停顿。如果中途停顿，再次灌浆时，应保证已灌入的浆料有足够的流动性；同时，还需要将已经封堵的出浆孔打开，待灌浆料再次流出后逐个封堵出浆孔。

图 6-34　流动度检测示意

图 6-35　灌浆操作示意

(5)封堵。接头灌浆时，待接头上方的排浆孔流出浆料后，及时使用专用橡胶塞封堵。灌浆泵(枪)口撤离灌浆孔时，也应立即封堵，如图 6-36 所示。通过水平缝连通腔一次向构件的多个接头灌浆时，应按浆料排出先后依次封堵灌浆排浆孔，封堵时灌浆泵(枪)一直保持灌浆压力，直至所有灌排浆孔出浆并封堵牢固，再停止灌浆。如有漏浆须立即补灌损失的浆料。在灌浆完成、浆料凝前，应巡视检查已灌浆的接头，如有漏浆及时处理。

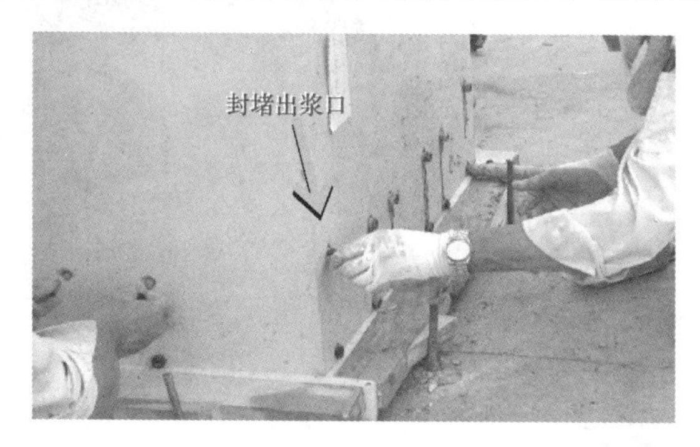

图 6-36　封堵操作示意

(6)灌浆饱满度检测。钢筋套筒灌浆是装配式混凝土建筑现场施工的关键控制点，直接影响建筑结构安全，尤其是灌浆饱满度问题一直是社会关注的焦点。因此，近年来一些地方推广使用了套筒灌浆饱满度监测器，加强灌浆施工过程中质量控制。监测器是基于连通器原理设计的，由透明塑料制成，整体为L形，横支为连接端，呈阶梯状，用于插接不同孔径的上出浆口；竖支为监测端，呈圆筒状，内置弹簧和观察杆，用于监测灌浆料流动且持续保压。透明堵头为一字形，用于插接下出浆口，两者配合使用效果最佳。灌浆前，将监测器插入上出浆口、堵头插入下出浆口(图 6-37)。监测端高出套筒内部空间最高点 6～7 cm，只要监测端浆料灌满了，依据连通器原理，可以判定套筒内部是饱满的。当出现漏浆或浆料自然回落时，监测端液面同时下降，应及时处理漏浆部位和补灌浆，待浆料凝固后拆除即可。

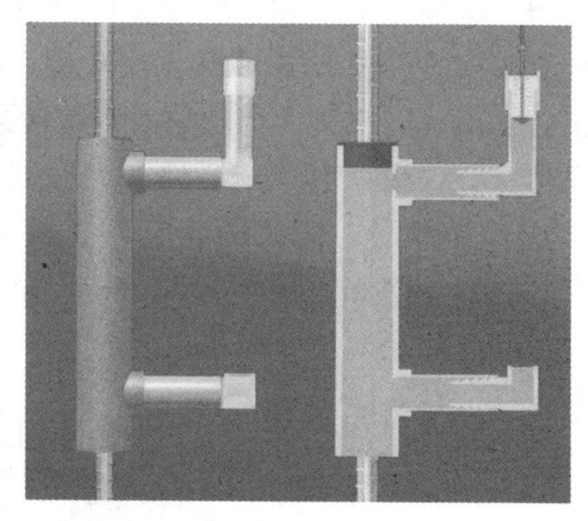

图 6-37　套筒灌浆饱满度监测器示意

(7)接头充盈度检验。灌浆料凝固后，取下灌排浆孔封堵胶塞，检查孔内凝固的灌浆料上表面应高于排浆孔下缘 5 mm 以上，如图 6-38 所示。

(8)灌浆后节点保护(构件扰动和拆支撑模架条件)。灌浆后灌浆料同条件试块强度达到 35 MPa 后方可进入后续施工(扰动)(图 6-39)。通常，环境温度 15 ℃以上，24 h 内构件不得受扰动；5 ℃～15 ℃，48 h 内构件不得受扰动；5 ℃以下，视情况而定。如对构件接头部位采取加热保稳措施，要保持加热 5 ℃以上至少 48 h，其间构件不得受扰动。拆支撑要根据设计荷载情况确定。

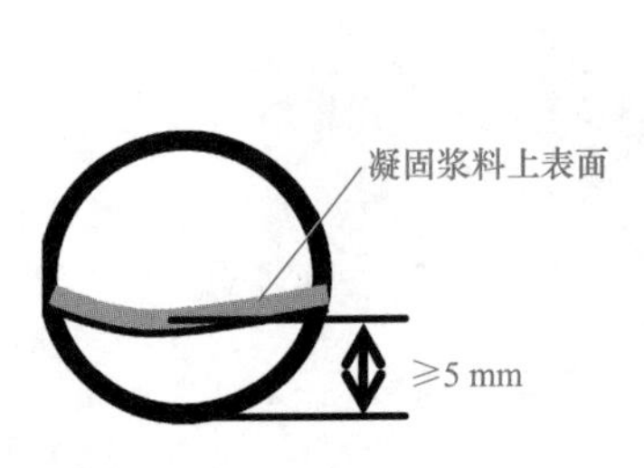

图 6-38　接头充盈度检验示意

图 6-39　墙板支撑节点保护示意

6.3.3　纵肋叠合剪力墙搭接连接

如图 6-40～图 6-43 所示，纵肋空心墙板是由两侧混凝土板及连接两侧混凝土板的纵肋组成的带有空腔的预制构件，用于剪力墙结构内墙和无保温外墙，可分为上下贯通空腔和下部方空腔(下部方空腔，需要在其上部设浇筑孔)两种。两种空腔既可单独应用，也可混合使用。采用双层双向配筋，分别位于两侧预制混凝土墙板内，通过纵肋内的拉筋形成整体结构。装配时，将下层墙板上部预留的环状纵筋插入待安装上层墙板空腔内的纵筋连接槽内，与上层墙板空腔内的外露纵筋形成直接搭接连接；待安装墙板两侧水平筋与现浇区钢筋搭接连接；空腔和现浇区混凝土固化后，形成装配整体式纵肋叠合剪力墙结构。

底部方空腔纵肋空心墙板在纵肋空心墙板的底部设置钢筋连接用方空腔，方空腔上部设置浇筑孔(直径为 8～10 cm)。墙板的纵向钢筋和水平分布筋位于空腔两侧预制墙板内，纵向钢筋在墙板空腔底部外露和下层墙板插入空腔的预留钢筋形成“直接搭接连接”。外墙用纵肋空心墙板的上部外侧还要设置挡浆沿。

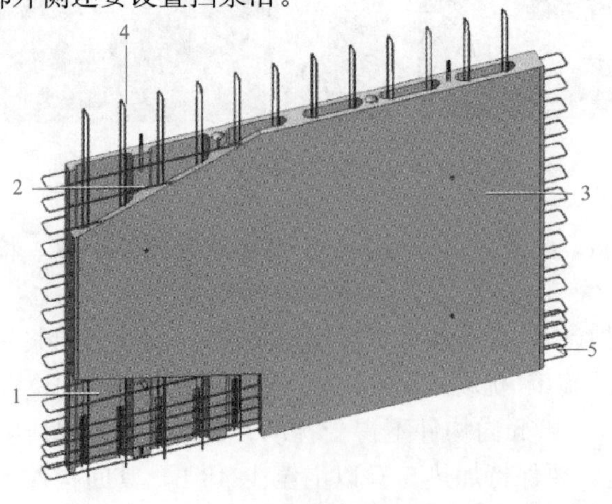

图 6-40　内墙用纵肋空心墙板(贯通空腔)

1—空腔；2—纵肋；3—墙板；4—纵筋；5—水平筋

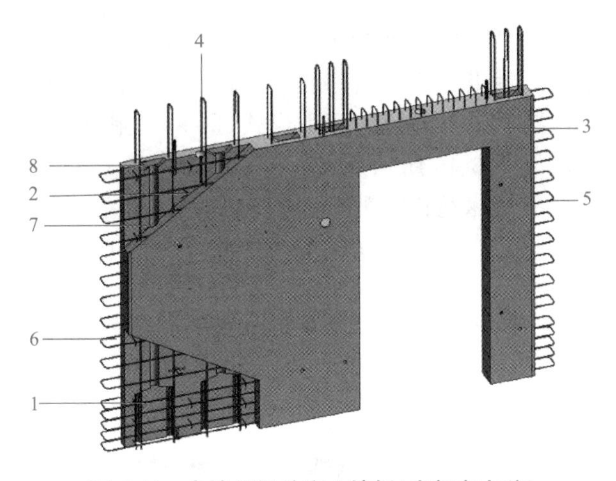

图 6-41 内墙用纵肋空心墙板(底部方空腔)

1—空腔；2—纵肋；3—墙板；4—纵筋；5—水平筋；6—拉筋；7—浇筑孔；8—下料凹槽

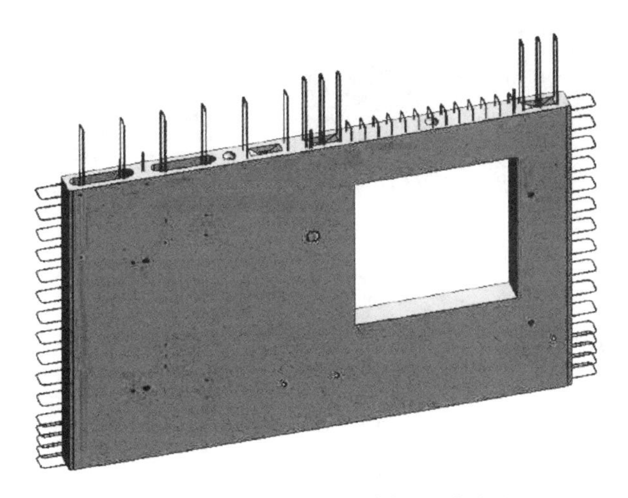

图 6-42 内墙用纵肋空心墙板(混合空腔)

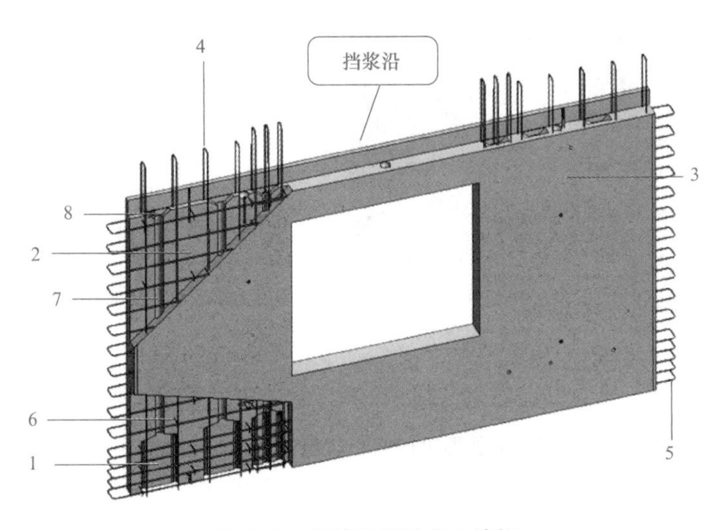

图 6-43 外墙用纵肋空心墙板

1—空腔；2—纵肋；3—墙板；4—纵筋；5—水平筋；6—拉筋；7—浇筑孔；8—下料凹槽

夹心保温纵肋空心墙板由混凝土外叶板、保温板、设有纵肋及空腔的内叶板组成的预制构件组成。其适用于混凝土剪力墙结构的外墙板，空腔形式可分为上下贯通空腔型、底部方空腔型(底部方空腔上部配浇筑孔)两种形式(图 6-44 和图 6-45)。两种空腔既可单独应用，也可混合使用，如图 6-46 所示。夹心保温纵肋空心墙板内叶板采用双层双向配筋，通过纵肋内的拉筋形成整体结构。外叶板通过穿过纵肋的不锈钢拉结件与内叶板形成非组合受力结构。墙板装配时，将下层墙板内叶板上部预留的环状纵筋插入待安装上层墙板空腔内的纵筋连接槽，与上层墙板空腔内的外露纵筋形成直接搭接连接；待安装墙板两侧水平筋与现浇区钢筋搭接连接；空腔和现浇区混凝土固化后形成装配整体式纵肋剪力墙结构。

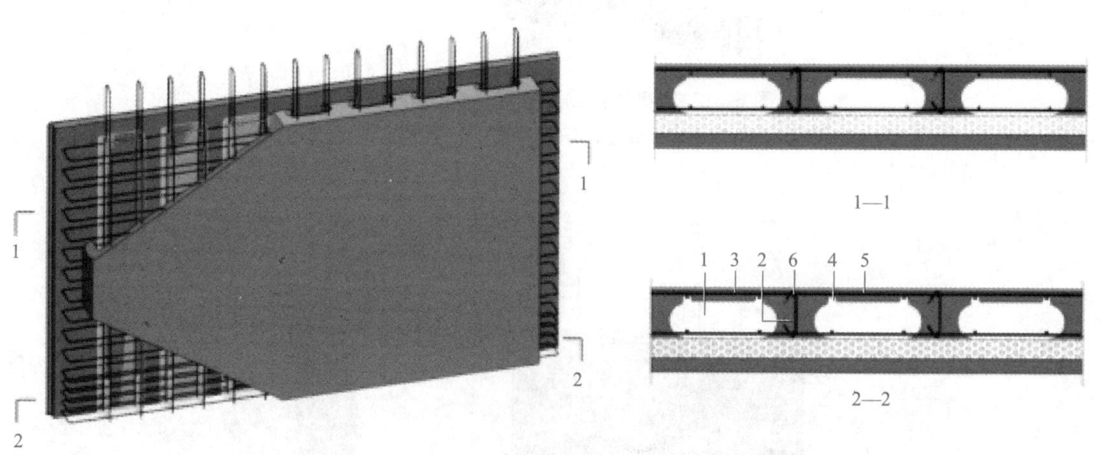

图 6-44　一字形夹心保温纵肋空心墙板（贯通空腔）

1—空腔；2—纵肋；3—预制板；

4—纵筋；5—水平筋；6—拉筋

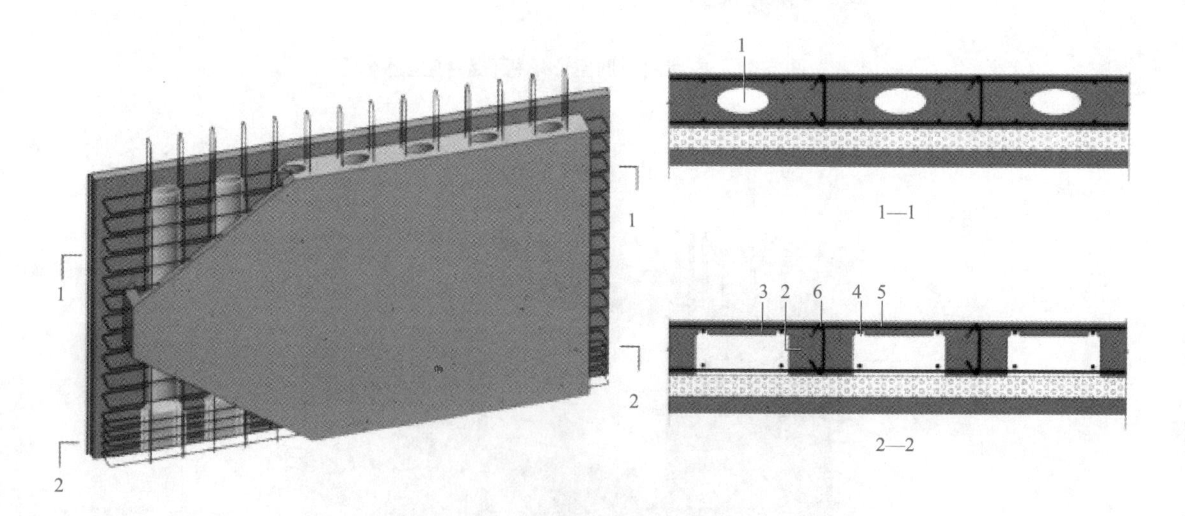

图 6-45　一字形夹心保温纵肋空心墙板（底部方空腔、贯通空腔）

1—浇筑孔；2—纵肋；3—预制板；

4—纵筋；5—水平筋；6—拉筋

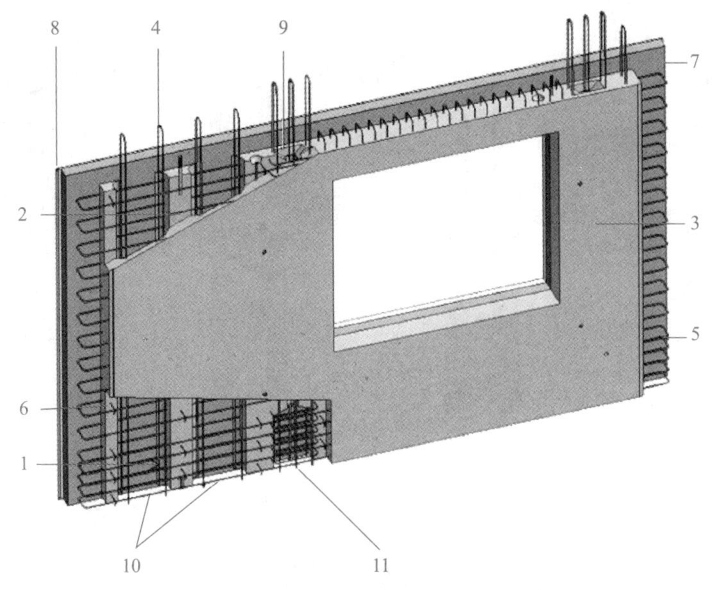

图 6-46　夹心保温纵肋空心墙板构造(混合空腔)

1—空腔；2—纵肋；3—墙板；4—纵筋；5—水平筋；
6—拉筋；7—保温板；8—外页板；9—下料凹槽；10—通长空腔；11—底部空腔+浇筑孔

6.3.4　装配整体式钢筋焊接网叠合剪力墙搭接连接

装配整体式钢筋焊接网叠合剪力墙(SPCS)搭接连接主要包括剪力墙和框架柱两部分。

1. SPCS 剪力墙搭接连接

如图 6-47 所示，SPCS 剪力墙是由成型钢筋笼及两侧预制墙板组成空腔预制墙构件，待预制墙构件现场安装就位后，在空腔内浇筑混凝土，并通过必要的构造措施，使现浇混土与预制构件形成整体，共同承受竖向和水平作用力的墙体。

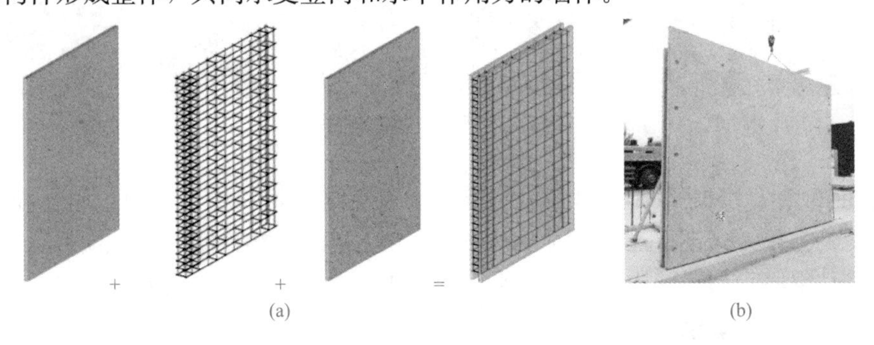

图 6-47　SPCS 剪力墙示意

(a)混凝土墙板+成型钢筋笼+混凝土墙板=空腔预制墙构件；(b)空腔预制墙构件实物图

如图 6-48 所示，上下层 SPCS 剪力墙之间采用空腔+搭接+现浇混凝土的连接方式进行连接，连接钢筋以钢筋笼的形式直接安装于下层墙体顶部空腔，待本层空腔及楼板混凝土浇筑完成后，上层墙体垂直落下，连接钢筋进入上层墙体根部空腔，待上层墙体空腔混凝土浇筑完毕，上下层墙体形成整体受力。

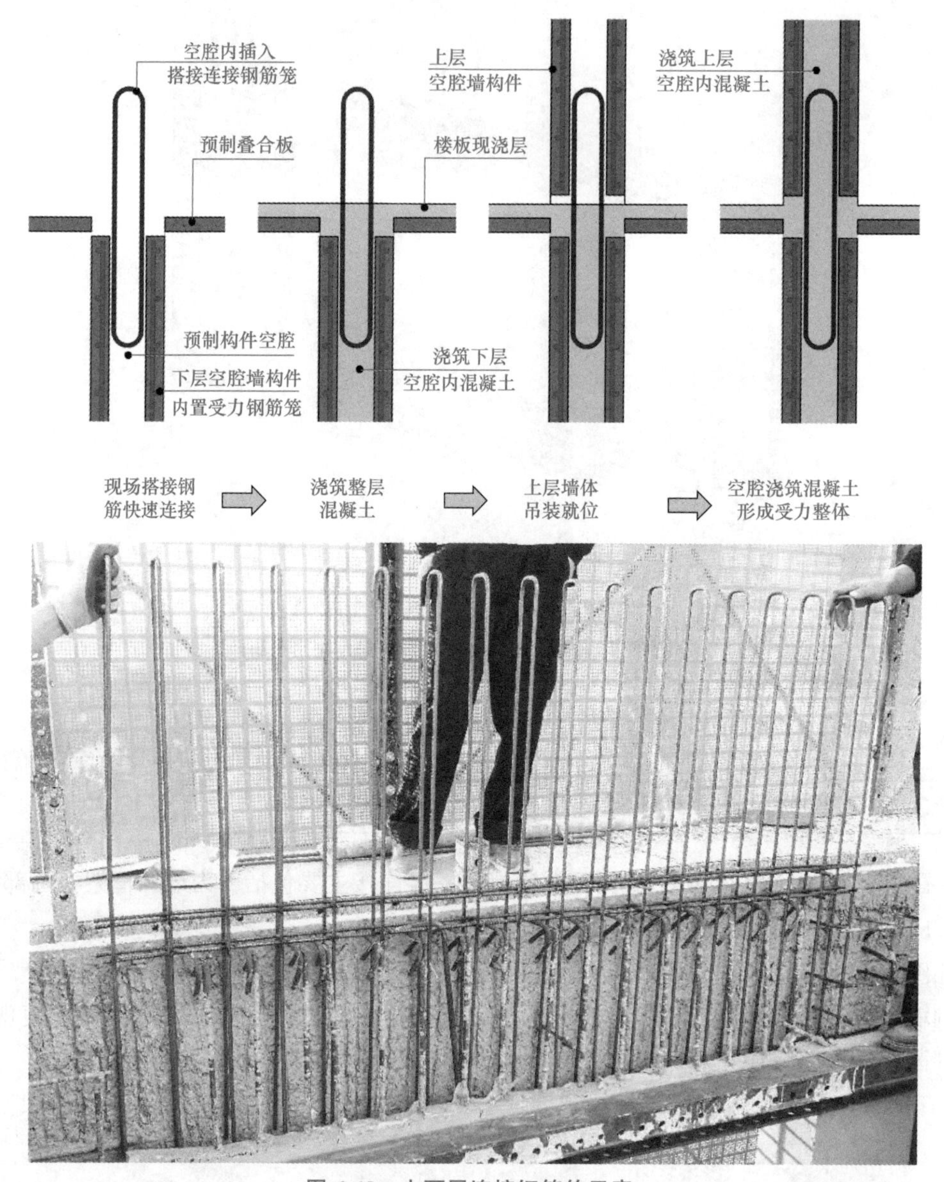

图 6-48　上下层连接钢筋笼示意

如图 6-49、图 6-50 所示，SPCS 剪力墙构件水平连接相邻构件之间采用空腔＋搭接＋现浇混凝土的连接方式进行连接，连接钢筋分别锚入 SPCS 构件空腔或一端锚入现浇节点，一端锚入构件空腔。当空腔内混凝土浇筑完毕，相邻墙体形成整体受力。

2. SPCS 框架柱搭接连接

如图 6-51～图 6-53 所示，SPCS 框架柱由成型钢筋笼与混凝土一体制作而成的中空预制构件，预制空腔柱构件现场安装就位后，在空腔内浇筑混凝土，并通过必要的构造措施，使现浇混凝土与预制构件形成整体，共同承受竖向和水平作用的叠合构件。柱的纵筋、箍筋都与四壁混凝土预制在一起，现场将上、下层柱纵筋采用机械连接或搭接的方式进行连接，浇筑中间空腔内混凝土，即可施工完成。同时，与四周混凝土预制在一起的柱钢筋也是由机械加工成型的整体钢筋笼。

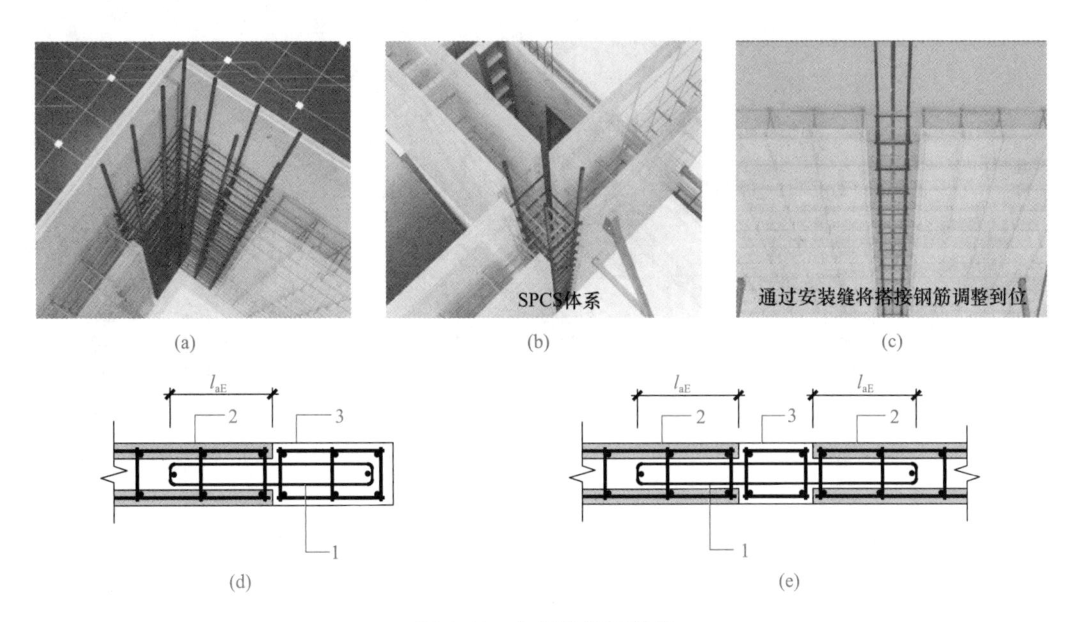

图 6-49 水平连接钢筋笼

(a)空腔后浇剪力墙 L 形连接；(b)空腔后浇剪力墙 T 形连接；

(c)空腔后浇剪力墙一字形连接；(d)空心墙与现浇段连接；(e)空心墙与空心墙连接

1—环状连接筋；2—叠合构件；3—后浇混凝土墙段

图 6-50 剪力墙施工现场示意

(a)测量放线、外露钢筋；(b)空腔预制墙构件起吊；(c)空腔预制墙构件安装就位

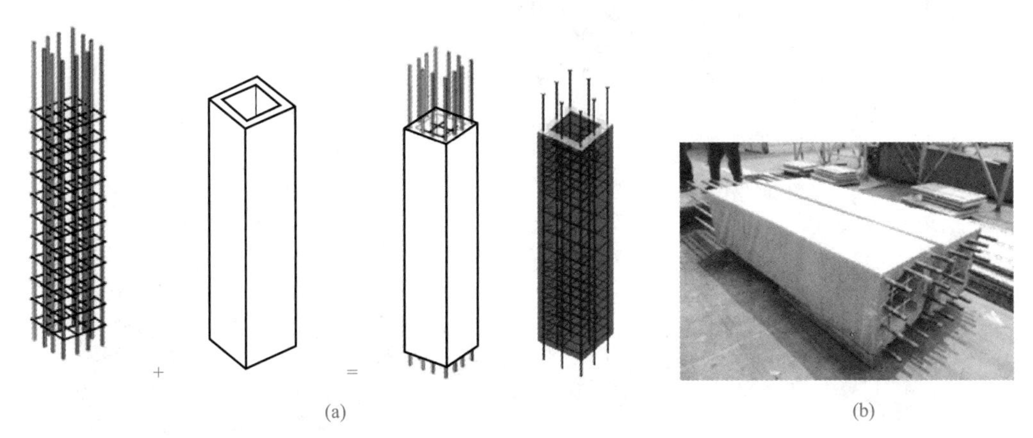

图 6-51 框架柱示意及实物

(a)成型钢筋笼+混凝土=预制空心桩；(b)预制空心桩实物图

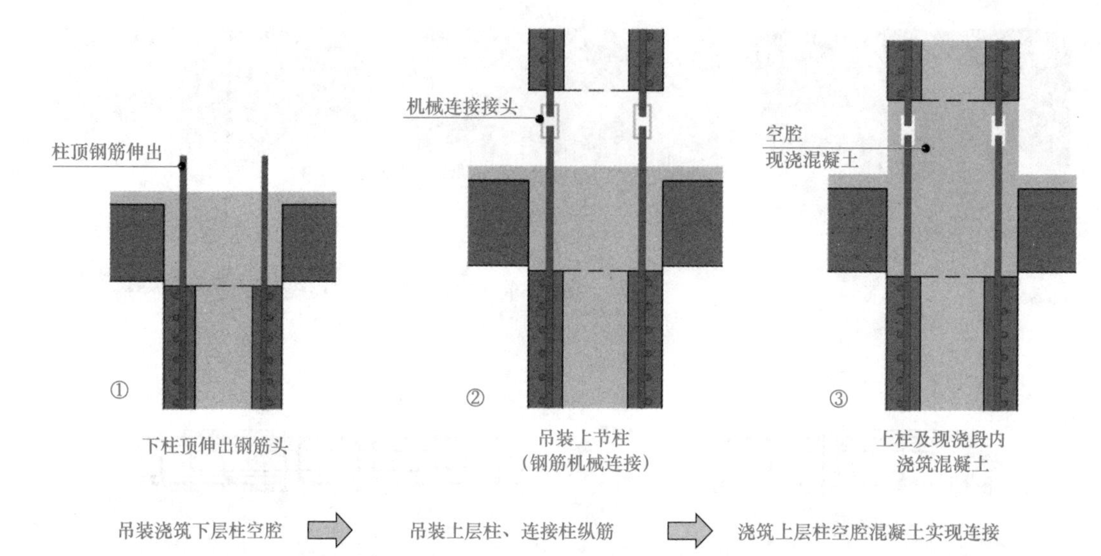

图 6-52　框架柱上下层连接

图 6-53　SPCS 框架柱施工现场

(a)通过钢筋合理排布及弯折，避免钢筋碰撞(1∶6 的钢筋弯折比率)；

(b)测量放线、外露钢筋调整；(c)空腔柱起吊；(d)空腔柱安装就位；

(e)

(f)

图 6-53 SPCS 框架柱施工现场(续)

(e)空腔柱纵筋连接；(f)空腔柱临时固定、浇筑空腔混凝土

6.3.5 约束浆锚搭接连接

1. 基本原理

约束浆锚搭接连接是一种将搭接钢筋拉开一定距离的搭接方式。现浇结构，钢筋的搭接强调将搭接钢筋绑扎在一起，以便于钢筋之间的传力。根据国内外研究成果，这种将需要搭接的钢筋拉开一定距离的搭接方式可以保证钢筋之间的传力。约束浆锚搭接连接的钢筋拉力必须通过剪力传递到灌浆料中，再通过剪力传递到灌浆料和周围混凝土之间的界面。国外也称为间接锚固或间接搭接。

连接钢筋采用浆锚搭接连接时，可在下层预制构件中设置竖向连接钢筋，与上层预制构件内的连接钢筋通过浆锚搭接连接。纵向钢筋采用浆锚搭接连接时，对预留孔成孔工艺、孔道形状和长度、构造要求、灌浆料和被连钢筋，应进行力学性能及适用性的试验验证。直径大于 20 mm 的钢筋不宜采用浆锚搭接连接，直接承受动力荷载构件的纵向钢筋不应采用浆锚搭接连接。

约束浆锚搭接连接是一种适用装配式剪力墙结构体系的安全可靠、施工方便、成本相对较低的竖向钢筋连接方式，适用抗震设防烈度为 6 度至 8 度抗震设计的预制装配整体式剪力墙结构和装配整体式部分框支剪力墙结构，黑龙江省编制了地方标准《预制装配整体式房屋混凝土剪力墙结构技术规程》(DB23/T 1813—2016)。竖向构件内及竖向构件之间采用的典型连接节点如图 6-54、图 6-55 所示。

2. 预制剪力墙连接设计要求

预制剪力墙竖向钢筋连接部位的水平分布筋、拉结筋应加密(图 6-56)，加密范围应自竖向钢筋连接区底部至顶部并向上延伸不小于 300 mm 高度，加密区水平分布筋、拉结筋的最大间距及最小直径应符合表 6-4 的规定，且竖向钢筋连接区上端第一道水平分布钢筋距离竖向钢筋连接区顶部不应大于 50 mm。本加密水平钢筋可不伸出预制构件并于后浇区域连接。

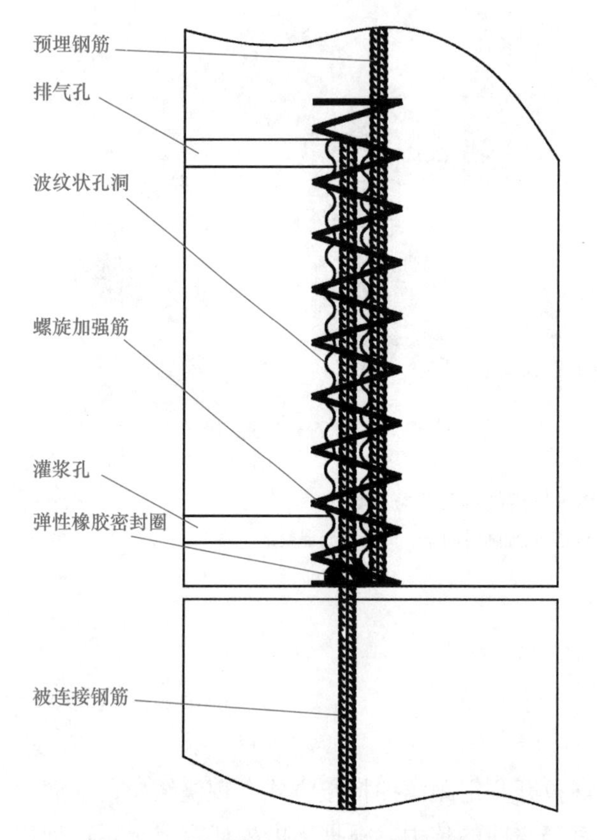

图 6-54　浆锚搭接预制墙板连接节点示意

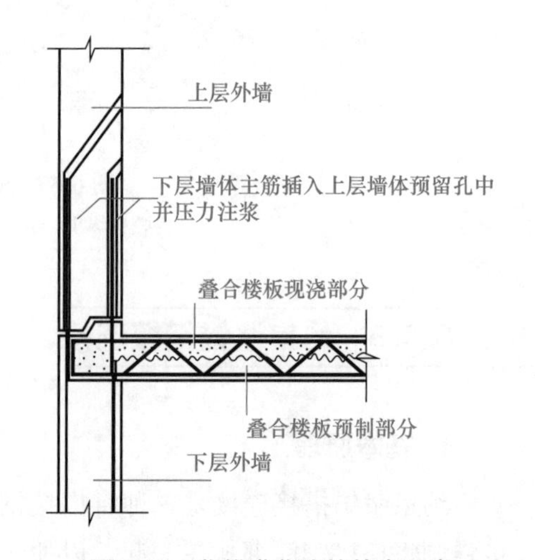

图 6-55　浆锚灌浆连接技术示意

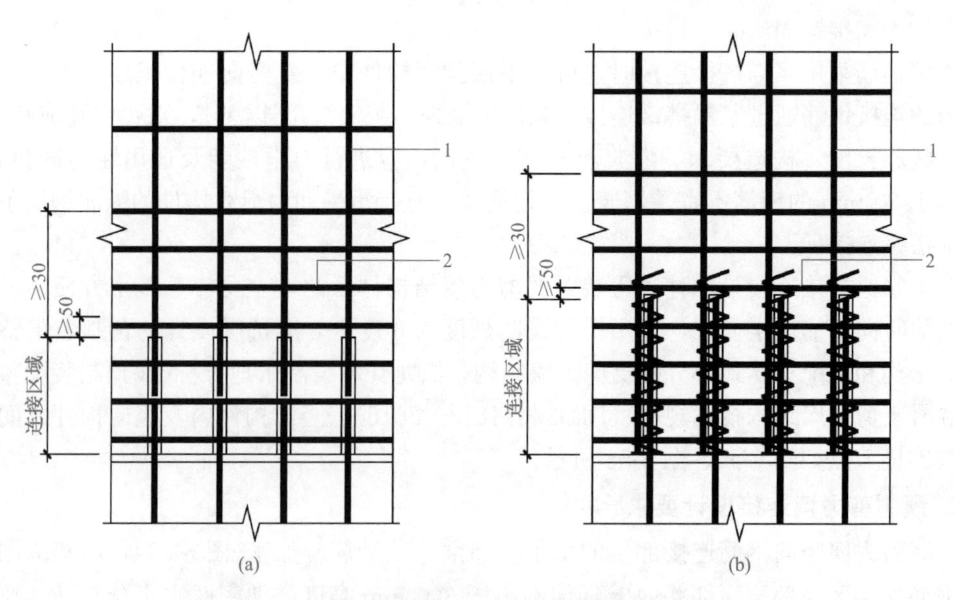

图 6-56　竖向钢筋连接部位水平分布钢筋的加密构造示意

(a)套筒连接；(b)约束浆锚搭接连接

1—竖向钢筋；2—水平分布钢筋

表 6-4　竖向钢筋连接区域加密水平分布筋、拉结筋最大间距、最小直径

抗震等级	最大间距/mm	最小直径/mm
一、二级	100	8
三、四级	150	8

(1)预制剪力墙的竖向钢筋采用约束搭接连接时(图 6-56)，应符合下列规定：

1)连接筋宜采用由下部构件伸出的纵筋进行约束搭接连接。也可采用单独设置的连接筋进行双侧约束或非约束搭接连接，单独设置的连接筋直径应不小于被连接钢筋的直径。

2)连接筋预留孔长度宜大于钢筋搭接长度 30 mm；约束螺旋箍筋顶部长度应大于预留孔长度 50 mm，底部应捏合不少于 2 圈；预留孔内径尺寸应适合钢筋插入搭接及灌浆。连接筋插入后宜采用压力灌浆，预留锚孔内灌浆饱满度不应小于 95%。

3)经水泥基灌浆料连接的钢筋约束搭接长度 l_l 不应小于 l_a 或 l_{aE}(图 6-57)，经后浇混凝土连接的钢筋约束搭接长度 l_l 不应小于 l_a 或 l_{aE}(图 6-58、图 6-59)，经后浇混凝土连接的钢筋非约束搭接长度 l_l 不应小于 $1.2l_a$ 或 $1.2l_{aE}$(图 6-60)。

4)约束螺旋箍筋的配箍率不小于 1.0%。螺旋箍筋环内径 D_{cor} 不应大于表 6-5 的要求，螺旋箍筋的混凝土保护层厚度应满足设计要求。

5)螺旋箍筋直径不应小于 4 mm、不宜大于 10 mm，螺旋箍筋螺距的净距应不小于混凝土最大骨料粒径，且不小于 30 mm。

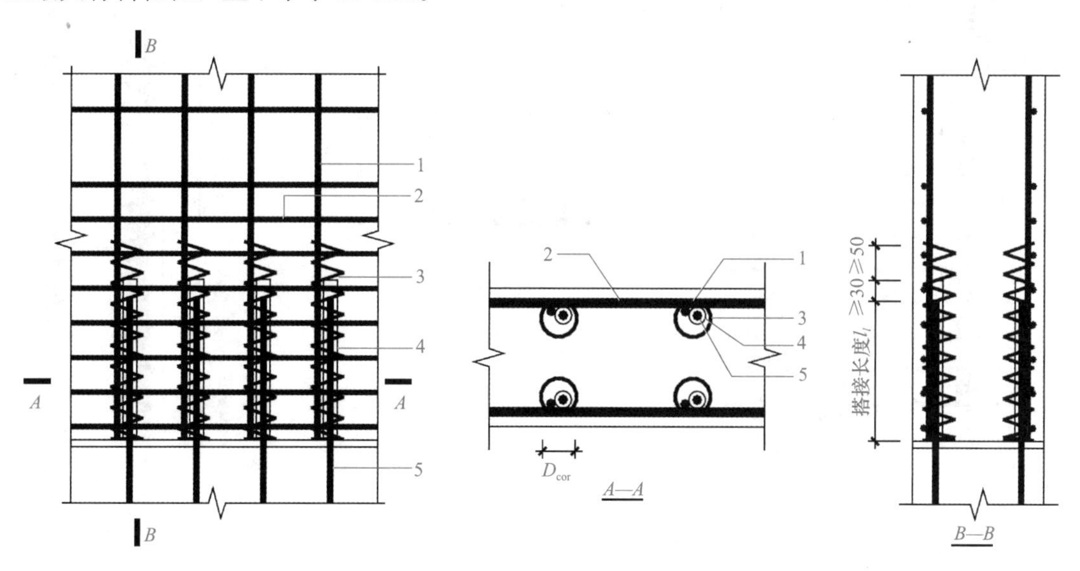

图 6-57　配置螺旋箍筋的钢筋约束浆锚搭接连接

1—竖向钢筋；2—水平钢筋；3—螺旋箍筋；4—灌浆孔道；5—搭接连接筋

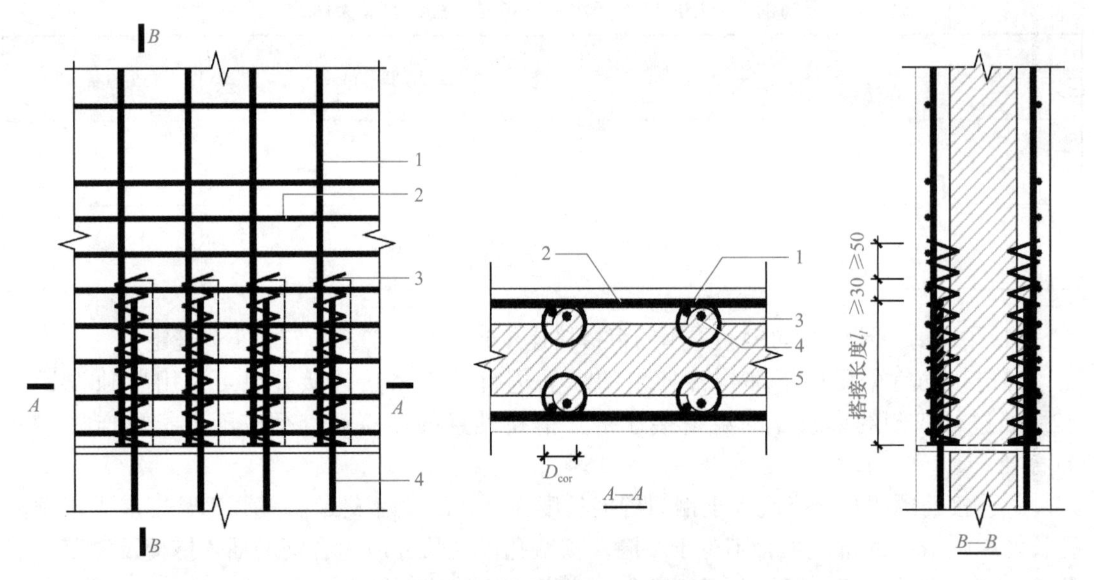

图 6-58　配置螺旋箍筋的钢筋约束搭接连接（叠合板式剪力墙单侧接头）

1—竖向钢筋；2—水平钢筋；3—螺旋箍筋；

4—搭接连接筋；5—后浇混凝土

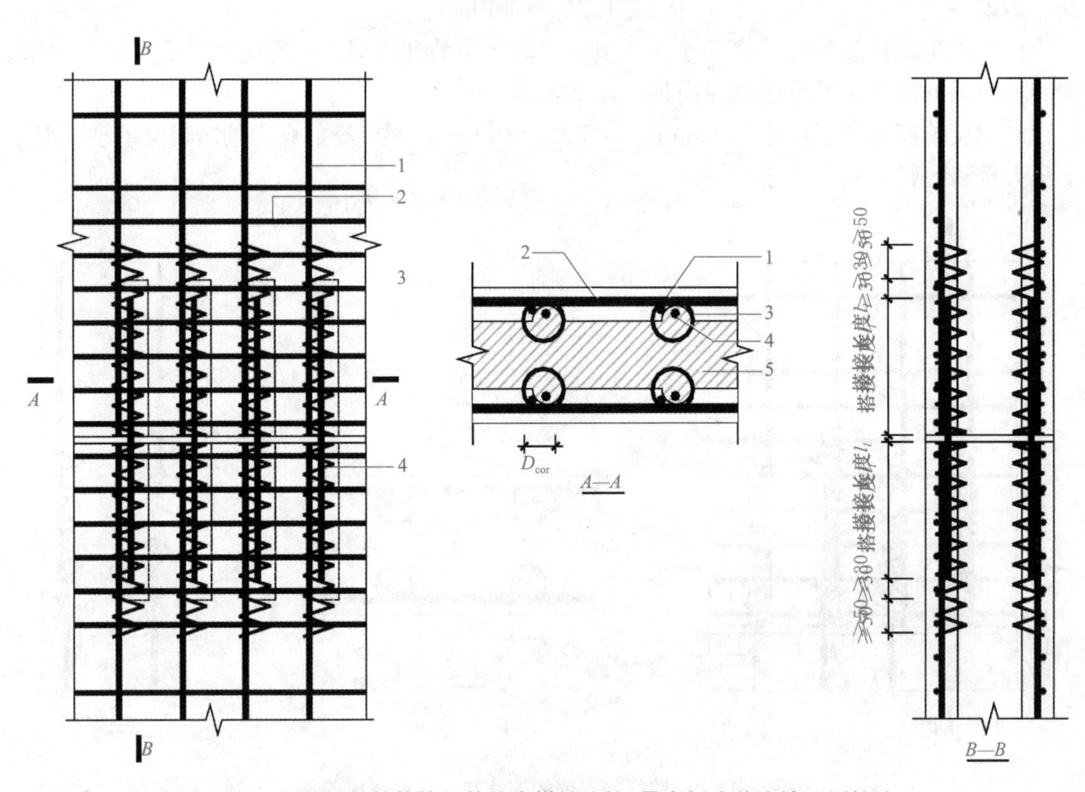

图 6-59　配置螺旋箍筋的钢筋约束搭接连接（叠合板式剪力墙双侧接头）

1—竖向钢筋；2—水平钢筋；3—螺旋箍筋；

4—搭接连接筋；5—后浇混凝土

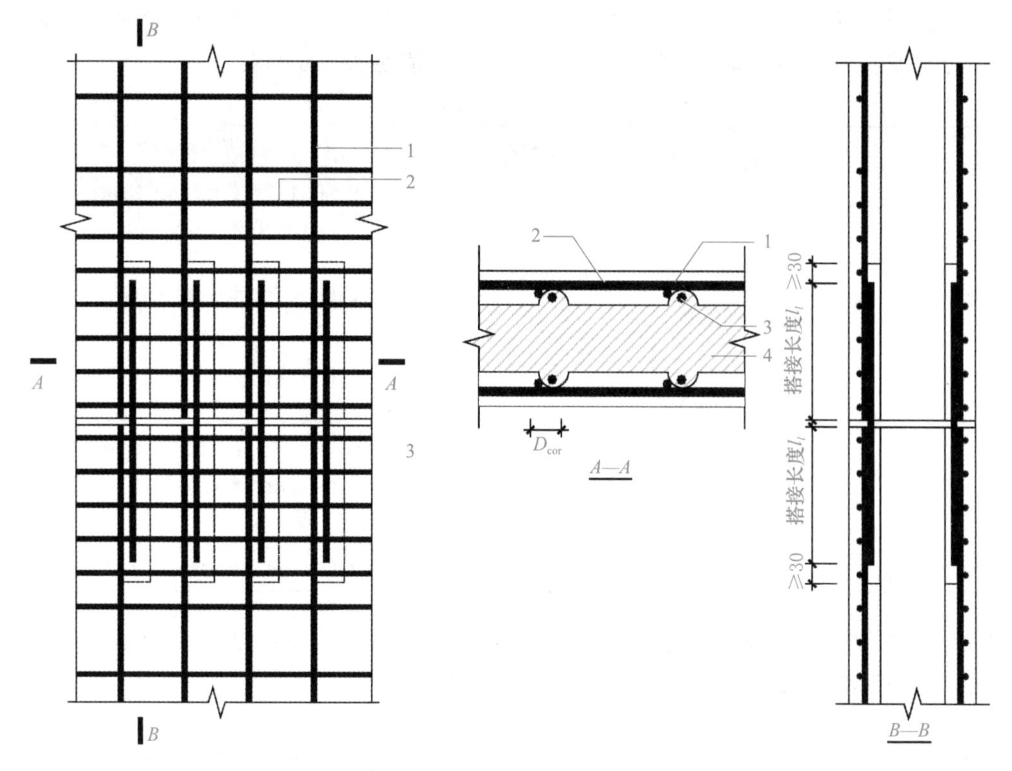

图 6-60　配置螺旋箍筋的钢筋非约束搭接连接(叠合板式剪力墙双侧接头)

1—竖向钢筋；2—水平钢筋；3—搭接连接筋；4—后浇混凝土

表 6-5　约束螺旋箍筋环内径 D_{cor} 限值

竖向钢筋直径/mm	8	10	12	14	16	18	20	25
D_{cor}最大值/mm	50	60	70	80	90	100	110	120

(2)上、下层相邻预制剪力墙的竖向钢筋采用约束浆锚搭接连接时，应符合下列规定：

1)边缘构件区域内的竖向钢筋应逐根连接。

2)预制剪力墙的竖向分布钢筋连接，应满足下列规定：

①当全部连接时[图 6-61(a)]，同侧钢筋间距不应大于 300 mm。

②当部分连接时[图 6-61(b)]，同侧钢筋间距不应大于 600 mm，且在剪力墙构件承载力设计和分布钢筋配筋率计算中不得计入不连接的分布钢筋；不连接的竖向分布钢筋直径不应小于 6 mm。

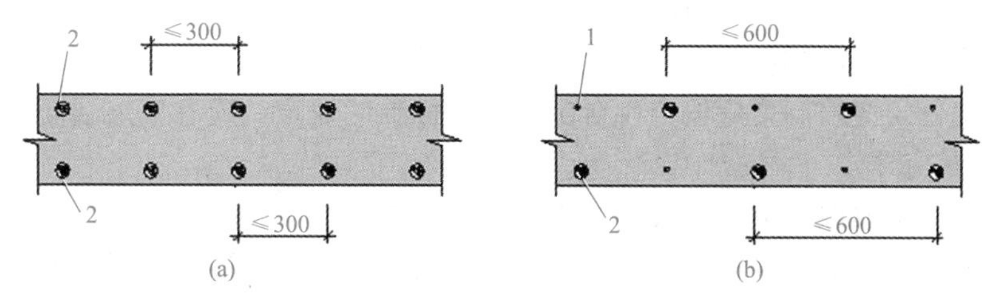

图 6-61　预制剪力墙竖向分布钢筋约束浆锚连接示意

(a)全部连接；(b)部分连接

1—不连接的竖向分布钢筋；2—连接的竖向分布钢筋

(3)约束浆锚搭接接头用灌浆料性能要求。钢筋采用约束浆锚搭接连接接头时，所采用的单组分水泥基灌浆料，灌浆料的物理、力学性能应满足表 6-6 的要求。

表 6-6　钢筋约束浆锚搭接连接接头用灌浆料性能要求

项目		性能指标	试验方法标准
泌水率/%		0	《普通混凝土拌合物性能试验方法标准》(GB/T 50080—2016)
流动度/mm	初始值	≥300	《水泥基灌浆材料应用技术规范》(GB/T 50448—2015)
	30 min 保留值	≥260	
竖向膨胀率/%	3 h	≥0.02	《水泥基灌浆材料应用技术规范》(GB/T 50448—2015)
	24 h 与 3 h 的膨胀率之差	0.02 ～ 0.5	
抗压强度/MPa	1 d	≥35	《水泥基灌浆材料应用技术规范》(GB/T 50448—2015)
	3 d	≥55	
	28 d	≥70	
氯离子含量/%		≤0.06	《混凝土外加剂匀质性试验方法》(GB/T 8077—2012)

(4)坐浆砂浆性能要求。水平预制构件与竖向构件连接部位的坐浆砂浆强度等级不应低于被连接构件混凝土的强度等级，且应满足表 6-7 的要求。

表 6-7　坐浆砂浆性能要求

项目	性能指标	试验方法
流动度初始值/mm	130～170	《建筑砂浆基本性能试验方法标准》(JGJ/T 70—2009)
1 d 抗压强度/MPa	≥30	《建筑砂浆基本性能试验方法标准》(JGJ/T 70—2009)

6.4　构件节点现浇连接

6.4.1　基本要求

装配式混凝土结构中节点现浇连接是指在预制构件节点处通过钢筋绑扎、支模浇筑混凝土来达到预制构件连接的一种处理工艺。按照结构体系划分，节点包括梁柱节点、叠合梁板节点、叠合阳台节点、空调板节点、预制墙板节点等。

现浇混凝土施工应符合下列规定：

(1)预制构件结合面疏松部分的混凝土应剔除并清理干净。

(2)混凝土分层浇筑高度应符合现行国家有关标准的规定，应在底层混凝土初凝前将上一层混凝土浇筑完毕。

(3)浇筑时应采取保证混凝土或砂浆浇筑密实的措施。

(4)预制梁、柱混凝土强度等级不同时，预制梁、柱节点区混凝土强度等级应符合设计要求。

(5)混凝土浇筑应布料均衡，浇筑和振捣时应对模板及支架进行观察与维护，发生异常情况应及时处理；构件接缝混凝土浇筑和振捣应从采取措施防止模板、相连接构件、钢筋、预埋件及其定位件移位。

(6)现浇混凝土部分的模板与支架应符合设计标准：装配式混凝土结构宜采用工具式支架和定型模板；模板应保证现浇混凝土部分形状、尺寸和位置准确；模板与预制构件接缝处应采取防止漏浆的措施，可粘贴密封条；对清水混凝土工程及装饰混凝土工程，应使用能达到设计效果的模板。

(7)现浇混凝土强度对安装下一层构件的影响。在实际施工中，对于预制柱或预制墙板安装，通常在浇筑完混凝土 24 h 后即可进行上部构件安装，但在安装过程中需要采取构件下垫方木等方式对现浇混凝土及构件进行保护，在构件下落或调整位置时需放缓速度，并且加强施工人员对混凝土及构件等成品的保护意识。对于预制梁或预制叠合板安装，只要保证下层梁板底部有效支撑未拆除，即可进行上层预制梁板安装施工，底模拆除时的混凝土强度要求见表 6-8。

表 6-8　底模拆除时的混凝土强度要求

构件类型	构件跨度/m	达到设计的混凝土立方体抗压强度标准值的百分率/%
板	≤2	≥50
	＞2，≤8	≥75
	＞8	≥100
梁、拱、壳	≤8	≥75
	＞8	≥100
悬臂构件	—	≥100

(8)固定在模板上的预埋件、预留孔和预留洞均不得遗漏，且应安装牢固，其偏差应符合表 6-9 的规定。检查中心线位置时，应沿纵、横两个方向量测，并取其中的较大值。对预埋件的外露长度，只允许有正偏差，不允许有负偏差；对预留洞内部尺寸，只允许大，不允许小。在允许偏差表中，不允许的偏差都以“0”来表示。

表 6-9　预埋件和预留孔洞的允许偏差

项目		允许偏差/mm
预埋钢板中心线位置		3
预埋管、预留孔中心线位置		3
插筋	中心线位置	5
	外露长度	+10，0
预埋螺栓	中心线位置	2
	外露长度	+10，0
预留洞	中心线位置	10
	尺 寸	+10，0

6.4.2　节点现浇连接施工

本节主要介绍现场施工中常用的几种节点现浇连接形式。

1. 预制梁、柱节点现浇连接

预制梁、柱连接节点通常出现在框架体系中，预制柱混凝土部分设计到预制梁底部位，同时，预制梁混凝土部分也设计到柱侧面，柱筋与梁筋在节点部位错开插入，在梁、柱吊装完成后支模浇筑混凝土，通常该节点与楼面混凝土同时浇筑，如图 6-62 所示。

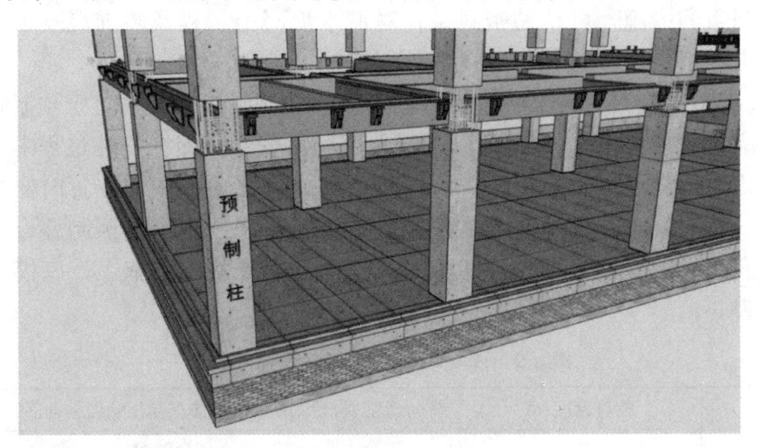

图 6-62　预制柱、梁节点示意

2. 叠合梁板节点现浇连接

叠合梁板也通常出现在框架体系中，预制梁的上层筋部分设计为现浇部分，箍筋预先浇筑在预制构件中，梁上层钢筋现场绑扎，梁侧边留设有 2.5 cm 的空隙，如图 6-63 所示。

3. 叠合阳台、空调板节点现浇连接

预制阳台、空调板通常为叠合设计，同叠合板通常为 6 cm，板面预留有桁架筋，增加预制构件刚度，以保证在储运、吊装过程中预制板不会断裂，同时可作为板上层钢筋的支架，板下层钢筋直接预制在板内。

叠合阳台、空调板与楼面连接部位留有锚固钢筋，预制板吊装就位后预留钢筋锚固到楼板钢筋内，与楼面混凝土一次性浇筑。预制阳台、空调板设计时通常有降板处理，所以，在楼面混凝土浇筑前需做吊模处理。

4. 预制墙板节点现浇连接

预制剪力墙间节点部位通常采用现浇的节点连接方式，该节点外侧设置 PCF 板，通常为 7 cm 厚的预制混凝土板做外模，节点内侧钢筋绑扎，立模现浇，如图 6-64 所示。

图 6-63　叠合梁板节点现浇示意

图 6-64　预制剪力墙间节点现场施工示意

由于浇筑在结合部位的混凝土量较少，所以筑模的侧面压力较小，但在设计时要保证浇筑混凝土时，筑模不会移动或膨胀。为了防止水泥浆从预制构件面和模板的结合面溢出，筑模需要和构件连接紧密。筑模脱模之前要保证混凝土达到要求的强度。

6.4.3 临时支撑拆除

1. 临时支撑拆除时间的确定

安装临时支撑是预制构件安装所需校正和临时加固的措施，支撑拆除时间可按如下要求确定：

(1)各种构件拆除临时支撑的条件应当在构件施工图中给出。如果构件施工图中没有要求，施工企业应请设计人员给出要求。

(2)行业标准《装配式混凝土结构技术规程》(JGJ 1—2014)中的要求：

1)构件连接部位现浇混凝土及灌浆料的强度达到设计要求后，方可拆除临时固定措施。

2)叠合构件在现浇混凝土强度达到设计要求后，方可拆除临时支撑。

(3)《混凝土结构工程施工规范》(GB 50666—2011)中“底模拆除时的混凝土强度要求”标准见表 6-10。

表 6-10 现浇混凝土底模拆除时的混凝土强度要求

构件类型	构件跨度/m	达到设计的混凝土立方体抗压强度标准值的百分率/%
板	≤2	≥50
	>2，≤8	≥75
	>8	≥100
梁、拱、壳	≤8	≥75
	>8	≥100
悬臂构件	—	≥100

(4)预制柱、预制墙等竖向构件的临时支撑拆除时间，一般要求灌浆后灌浆料同条件试块强度达到 35 MPa 后方可进入后续施工(扰动)，通常环境温度在 15 ℃以上时，24 h 内构件不得受扰动；环境温度在 5 ℃～15 ℃时，48 h 内构件不得受扰动，拆除支撑要根据设计荷载情况确定。

2. 拆除临时支撑的注意事项

(1)需灌浆料和混凝土达到规定强度后方可拆除临时支撑，判断混凝土是否达到强度不能只根据时间判断，应该根据同条件养护的试块强度或使用回弹仪检测混凝土强度，因为温度、湿度等外界条件对混凝土强度的影响很大。

(2)拆除临时支撑前要对所支撑的构件进行观察，看是否有异常情况，确认彻底安全后方可拆除。

(3)临时支撑拆除后，要码放整齐，以方便向上一层转运，同时保证安全文明施工，如图 6-65 所示。

(4)同一部位的支撑最好放在同一位置，转运至上一层后放在相应位置，这样可以减少支撑的调整时间，加快进度。

图 6-65 临时支撑拆除示意

6.5 构件接缝密封施工

6.5.1 基本要求

装配式混凝土建筑预制外墙接缝处的防水一般采用构件防水和材料防水相结合的双重防水措施，防水密封胶是外墙板缝防水的第一道防线，其性能直接关系到工程防水效果，这就要求在实施装配式混凝土建筑时，需要选择专业的、具有针对性的防水密封材料，如图 6-66 所示。预制外墙接缝密封胶必须与混凝土具有良好的相容性，较好的位移能力及防水、耐候、抗污染性的功能，同时，密封胶还需要满足相应的国家和行业标准要求。

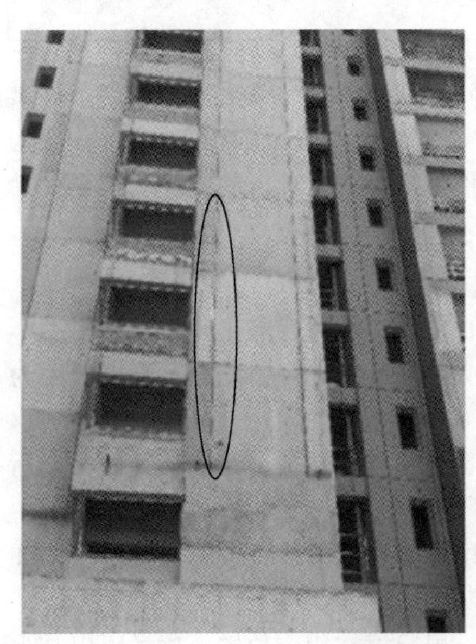
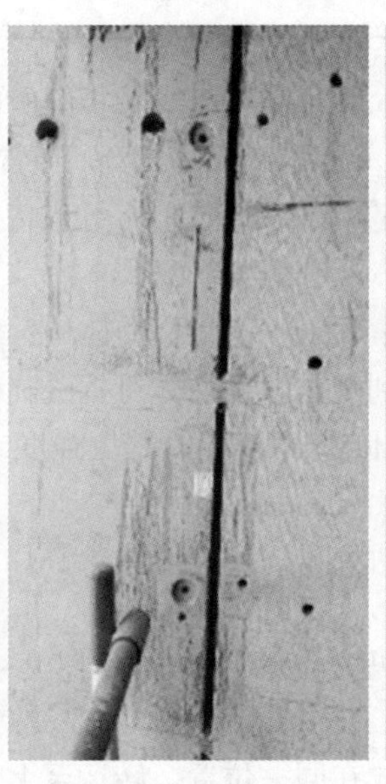
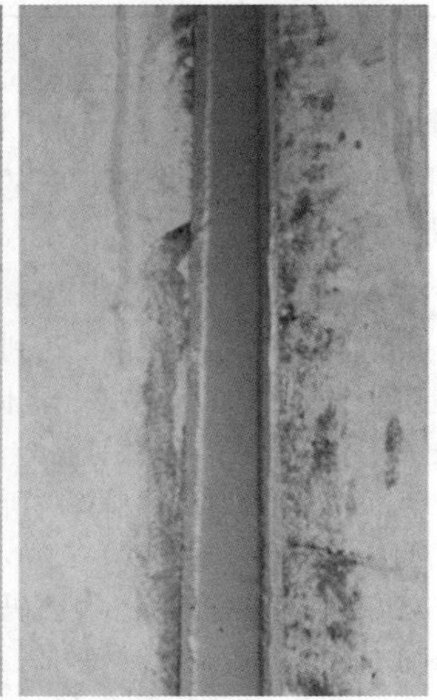

图 6-66 装配式建筑混凝土接缝及密封效果

6.5.2 接缝材料

预制构件的接缝材料可分为主材密封胶和辅材两部分。辅材根据密封胶选用的不同而定。

目前，市场上常用的建筑密封胶包括硅酮密封胶(SR)、硅烷改性聚醚密封胶(MS)、聚氨酯密封胶(PU)。其中，PU 建筑密封胶采用聚氨酯预聚体为主体，主链由 C—O 键(键长 0.136 nm，键能 339 kJ/mol)及 N—C 键(键长 0.132 nm，键能 284 kJ/mol)所组成；MS 密封胶以硅烷封端改性聚醚为主体，主链由大量的 C—O 键、C—C 键(键长 0.154 nm，键能 348 kJ/mol)以及少量的 Si—O 键(键长 0.164 nm，键能 444 kJ/mol)所组成；SR 密封胶以线性聚硅氧烷为主体，主链是由 Si—O—Si 所组成。三种密封胶以其不同的优点、缺点均在装配式建筑的防水密封中有所应用。各项性能对比见表 6-11。

表 6-11　常用装配式建筑外墙防水密封胶结构与优点、缺点对比

类型	主体树脂	主链结构	优点	缺点	适用范围
SR 建筑密封胶	线性聚硅氧烷	Si—O—Si	耐候性能优异	表面不能涂漆	清水混凝土建筑、墙体不需要涂饰部位
PU 建筑密封胶	聚氨酯预聚体	C—O、N—C	可涂漆，耐撕裂，粘结性、弹性、耐磨性好	耐紫外性能差，固化易起泡	预制混凝土基材、水泥纤维板、ALC 板等
MS 建筑密封胶	硅烷封端聚醚聚合物	C—C、C—O、Si—O	低 VOC，无增塑剂迁移，固化不产生气泡，可涂漆、对基材无腐蚀、耐老化性能较高	耐候性略差于 SR	预制混凝土基材、水泥纤维板、ALC 板等

装配式建筑在国外已有成熟的发展经验，装配式建筑外墙防水优先选择 MS 建筑密封胶，行业已普遍达成共识。在日本，80%以上的装配式建筑外墙密封均采用 MS 建筑密封胶，例如，1986 年竣工的日本大阪 HILTON 大酒店和位于东京的日本钟化大楼，用于装配式建筑外墙密封历时约 30 年，密封部位 MS 建筑密封胶整体性能良好，无明显粉化、龟裂等老化特征。

对装配式建筑混凝土接缝密封的要求分析，密封胶在使用过程中需要满足以下要求：

(1)粘结性：对于密封胶来说，对基材的粘结性始终是最重要的性能之一，对于装配式建筑所使用的基材也是如此。就目前而言，市场上所使用的装配式建筑板片大多数为混凝土板，因此，需要接缝密封材料对混凝土基材有很好的粘结性能。对于混凝土材料本身而言，普通的密封胶在其表面的粘结性是不易实现的。

影响粘结的主要因素如下：

1)混凝土是一种多孔性材料，孔洞的大小和不均匀不利于密封胶的粘结。

2)混凝土本身呈碱性，特别是在基材吸水时，容易出现返碱现象影响粘结。

3)装配式建筑板片在车间生产时，会使用脱模剂，会导致密封胶与基材粘结不良。

(2)力学性能：由于混凝土板片随着温度的变化产生的热胀冷缩，以及建筑物的轻微振动等影响，混凝土接缝的尺寸大小都会随之产生运动和位移。参考装配式建筑的相应规范要求，在设计时应考虑接缝的位移，确定接缝宽度，使其满足密封胶最大容许变形率的要求。结合国内外建筑接缝用密封胶主要力学性能的要求(表 6-12)，可以看出国内外对于密封胶的力学性能要求大致相同。

表 6-12　国内外标准对接缝用密封胶主要力学性能的要求

检测项目		GB/T 14683—2017	JC/T 881—2017	JIS A 5758
位移能力等级		25 LM	25 LM	25 LM
弹性恢复率/%		≥80	≥80	≥70
拉伸模量	23 ℃	≤0.4	≤0.4	≤0.4
	−20 ℃	≤0.6	≤0.6	≤0.6

(3)耐候性：由于建筑设计的使用年限大于 50 年，因此，板片接缝之间使用的密封胶具有非常好的耐候性，满足长期的户外工作情况。在日本，MS 建筑密封胶在装配式建筑上的应用已经有 40 年的历史，表明 MS 建筑密封胶完全能够满足户外的复杂工况环境变化。

(4)抗污染性：因为预制混凝土板材表面有很多孔洞，普通密封胶中的增塑剂很容易渗透进入混凝土，从而对混凝土板材接缝两侧造成污染，影响整个建筑的外观。MS 建筑密封胶固化时释放的小分子不会对混凝土进行污染，并且没有增塑剂迁移进入混凝土，所以不会对混凝土基材产生污染。

(5)可涂饰性：预制混凝土接缝需要密封胶具有可涂饰性，是因为预制混凝土板在预装的过程中其拼接缝不整齐，需要通过对密封胶的涂刷来保证从外观上看是整齐的，这样可以使整个建筑墙面整齐美观。由于聚醚主链的极性，MS 建筑密封胶的可涂饰性比较好，如图 6-67 所示。

图 6-67　真石漆在 MS 上的涂饰效果

6.5.3 施工工艺流程

“三份材料，七分施工”是行业内流传甚广的一句话，因此，在选择好的密封胶产品之后，还需要规范的施工工艺流程保证项目的防水密封质量。装配式混凝土建筑系统的板缝采用以下施工工艺流程进行，如图 6-68 所示。

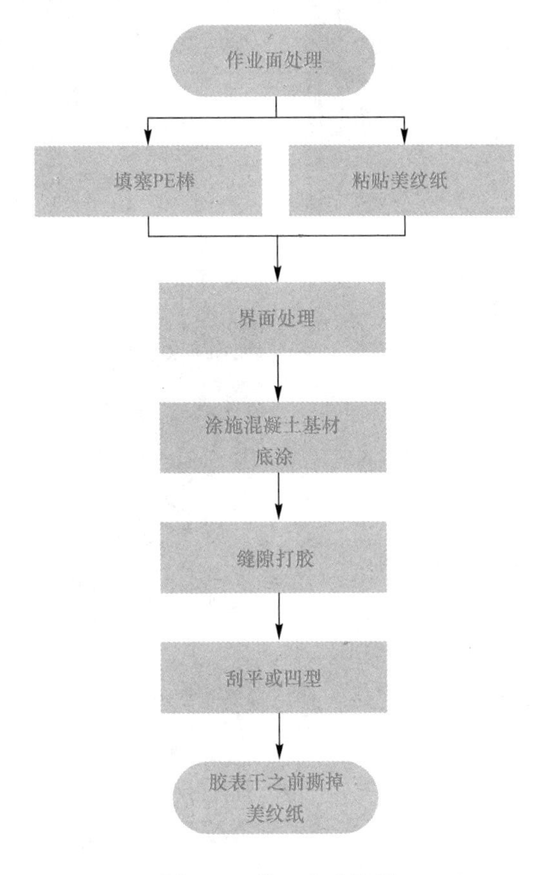

图 6-68　施工作业流程

(1)对板片接缝进行清整，保证接缝能够使密封胶满足位移能力要求(图 6-69)。

(2)在接缝处填充大小比例合适的背衬材料(图 6-70)。

(3)在接缝边缘处粘结遮蔽胶带，如美纹纸，以避免多余的密封胶污染接口的四周表面(图 6-71)。

(4)涂刷底涂、保证密封胶与基材的粘结性(图 6-72)。

(5)使用打胶枪或打胶机以连续操作的方式打胶。应使用足够的正压力使胶注满整个接口空隙，可以用枪嘴“推压”密封胶来完成。施打竖缝时，建议从下往上施工，以保证密封胶填满缝隙(图 6-73)。

(6)在胶表面结皮前进行整平。不要用酒精、水、肥皂水等液体来帮助整平。

(7)在胶结皮之前除去遮蔽条，进行养护(图 6-74～图 6-76)。

图 6-69　作业面接缝清理

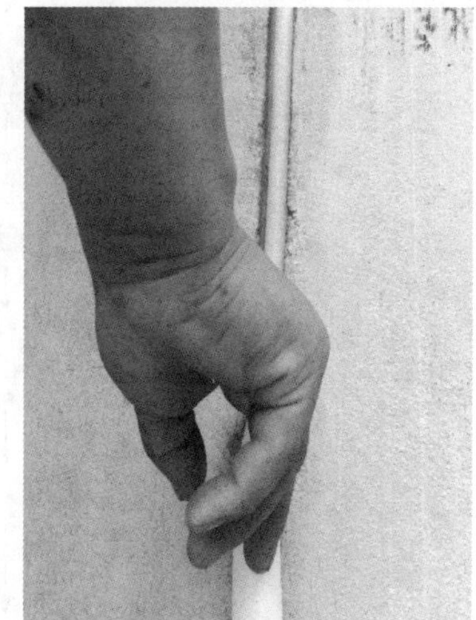

图 6-70　填充背衬材料

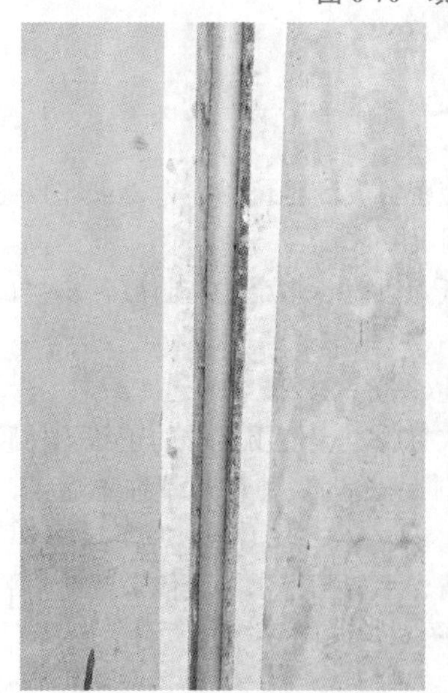
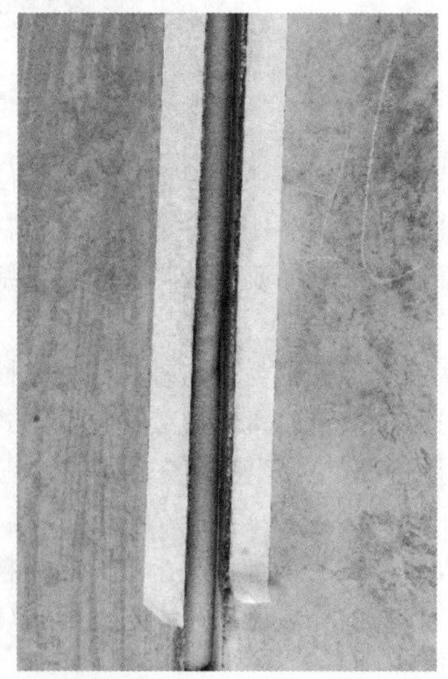

图 6-71　粘贴美纹纸

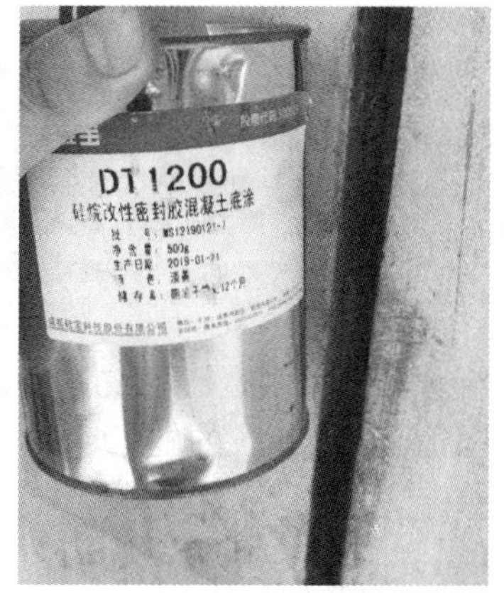

图 6-72　涂刷底涂

图 6-73　缝隙注胶

图 6-74　刮平压实

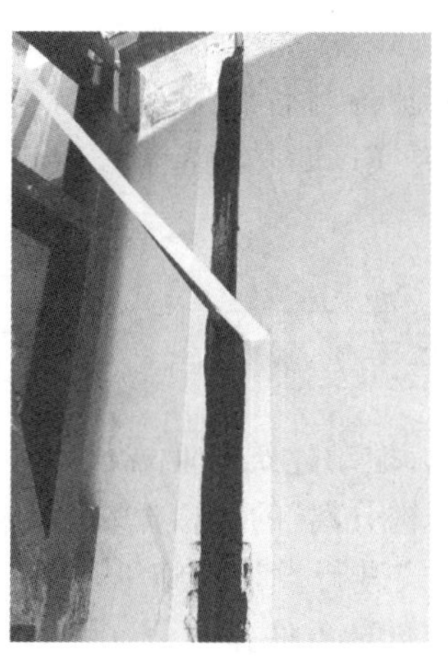

图 6-75　揭除美纹纸

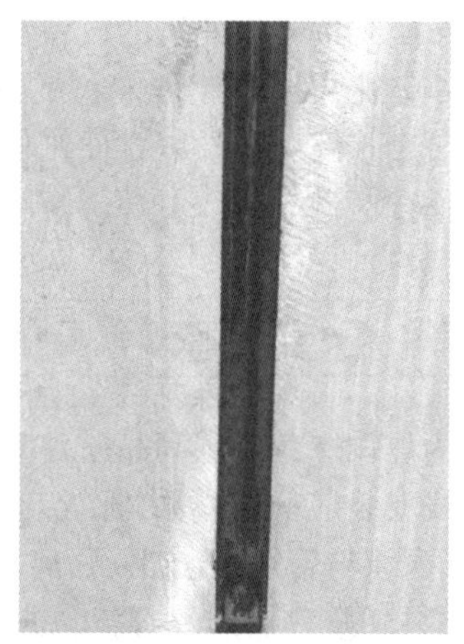

图 6-76　成品胶缝

单组分密封胶现场施工过程中容易遇到昼夜温差较大的环境且容易出现起鼓；板片之间缝隙较大容易出现流挂现象；不能满足工期紧的要求等问题。

采用硅烷改性双组分密封胶可解决以上问题：

(1)双组分产品固化速度可调节，能够满足现场环境施工。

(2)产品施工后整体固化速度快，能够杜绝温差变化导致的密封胶起鼓问题，大大缩短项目的施工工期。

(3)能够解决大位移板片的流挂问题，特别是 30 mm 以上接缝应用。

第7章 设备与管线系统施工

建筑设备与管线系统包括给水排水、供暖通风空调、燃气、电气和智能化等系统。本章主要阐述装配式混凝土建筑设备与管线系统的施工。

7.1 装配式混凝土建筑设备与管线系统的施工特点

装配式混凝土建筑的设备与管线系统的施工特点：一是强调模数化、通用化、标准化，遵循一体化集成设计理念；二是设备与管线应在预制构件生产时做好洞口和沟槽预留；三是鼓励管线分离，以方便维修更换；四是设备管线接口应避开预制构件受力较大部位和节点连接区域。

7.1.1 设备与管线安装技术要点

为建设绿色低碳高品质建筑，推动建筑产业现代化，从建筑全寿命期角度考虑，设备与管线安装应优先遵循“管线与结构分离”的理念，采用支撑体(建筑结构体，Skeleton)和填充体(内装与管线，Infill)分离方式进行设计和施工，即CSI建筑体系(China Skeleton Infill)，为全寿命期的翻新、改造创造条件。

设备与管线系统的安装如果需要与结构构件连接时，宜采用预留埋件的连接方式。当采用其他连接方式时，不得影响预制构件的完整性与结构的安全性，固定装置的耐久年限应长于管线的耐久年限。设备与管线系统在施工前应按照设计文件核对设备管线的参数，并应对结构构件的预埋套管及预留孔洞的尺寸、位置进行复核，合格后方可施工。

室内架空地板内排水管道支(托)架及管座(墩)的安装应按排水坡度排列整齐，支(托)架与管道接触紧密，非金属排水管道采用金属支架时，应在与管外径接触处设置橡胶垫片。

隐蔽在装饰墙体内的管道，其安装应牢固可靠。管道安装部位的装饰结构应采取方便更换、维修的措施。防雷引下线、防侧击雷、等电位联结施工应与预制构件安装配合。利用预制柱、预制梁、预制墙板内钢筋作为防雷引下线、接地线时，应按设计要求进行预埋和跨接，并进行引下线导通性试验，以保证连接可靠。

安装完成应进行试验调试，在隐蔽之前需经验收合格，并宜以电子形式或文件保留档案记录以备查验。

7.1.2 设备管线标准化接口连接技术要点

部品与配管连接、配管与主管道连接及部品间连接应采用标准化接口，且应方便安装、使用维护。给水系统配水管道与部品的接口形式及位置应便于检修更换，并应采取措施避免结构或温度变形对给水管道接口产生的影响。给水分水器与用水器具的管道接口应一对一连接，在架空层或吊顶内敷设时，中间不得有连接配件，分水器设置位置应便于检修，并宜有排水措施。当预制墙板或预制楼板上安装供暖设备与空调时，其连接处应采取加强措施。

7.1.3 管线穿越预制构件技术要点

当管线穿过预制构件时，会出现竖向管线穿过楼板和横向管线穿过梁、墙构件等情形。在施工中需要注意以下问题：在管线安装前，要做好各种管线安装方案，防止各专业管线在安装过程中互相干扰；施工前技术人员应在各个预留孔位置做好标记，以免孔洞多的情况下将管线错穿；严格按照方案组织安装，不准各专业不分先后随意安装本专业管线，导致后面管线安装困难；管线穿过预制构件一般有防水、防火、隔声的设计要求，施工中要按图施工。

7.1.4 管线支架安装技术要点

管线支架构造、安装方式和安装位置须满足管线的承重、伸缩和固定要求，方便管线及管线附件的维修；作为管线固定和承重用的支、托、吊架不得与被支撑管线直接焊接，避免无法拆卸和检修；有配套支架的管线，尽量使用同一厂家的配套支架；有坡度的管线的管架安装位置和高度须符合管线的坡度要求；管架埋设应平整牢固，吊杆顺直；当塑料管及复合管道采用金属支座的管道支架时，应在管道和支架之间加衬非金属垫或管套。

7.2 装配式给水系统

7.2.1 给水系统部品部件举例

给水系统是指通过管道及辅助设备，按照建筑物和用户的生产、生活和消防的需要，有组织地输送到用水地点的管线网络。本节以铝塑复合管的快装技术部品为例阐述装配式给水系统，该部品由卡压式铝塑复合给水管、分水器、专用水管加固板、水管座卡、水管防结露等构成。水管按照使用功能分别分为冷水管、热水管、中水管，出于防呆防错的考虑，分别按照白色、红色、绿色进行分色应用。水管卡座根据使用部位不同可分为座卡、扣卡，水管防结露使用橡塑保温管，如图 7-1、图 7-2 所示。

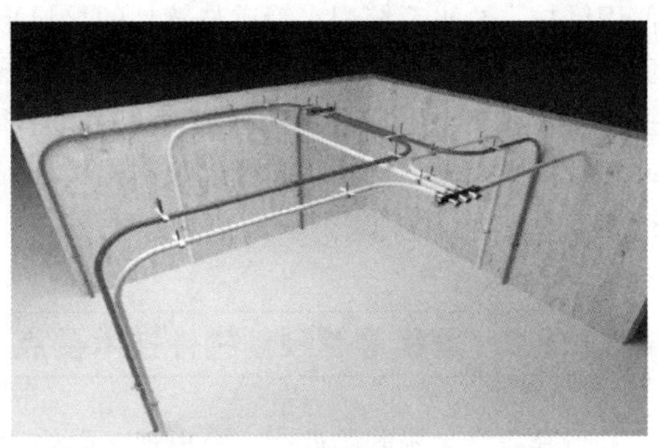

图 7-1　卡压式铝塑复合给水管

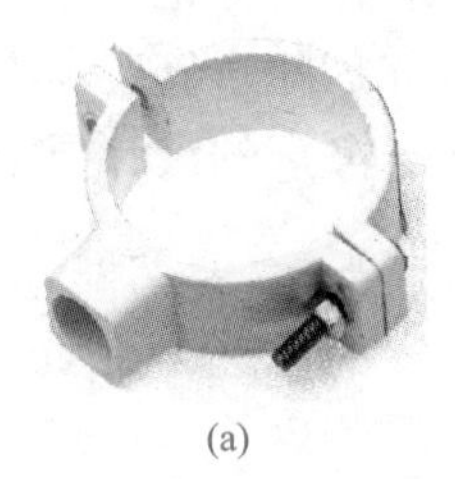
(a)

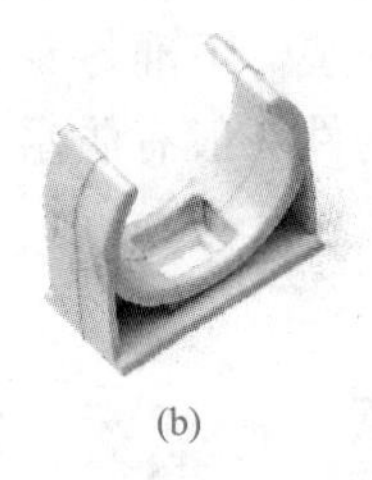
(b)

(c)

图 7-2　集成给水部品实物

(a)吊卡；(b)座卡；(c)橡塑保温管

给水管的连接是装配式给水系统的关键技术，对材料耐温、耐压要求高，应严格按照质量标准检验合格后方可使用，并须保证 15 年寿命期内无渗漏。本系统采用分水器[图 7-3(a)]装置并将水管并联。为快速定位给水管出水口位置，设置专用水管加固板，可根据应用部位细分为水管加固双头平板、水管加固单头平板、水管加固 U 形平板等，如图 7-3(b)、(c)、(d)所示。

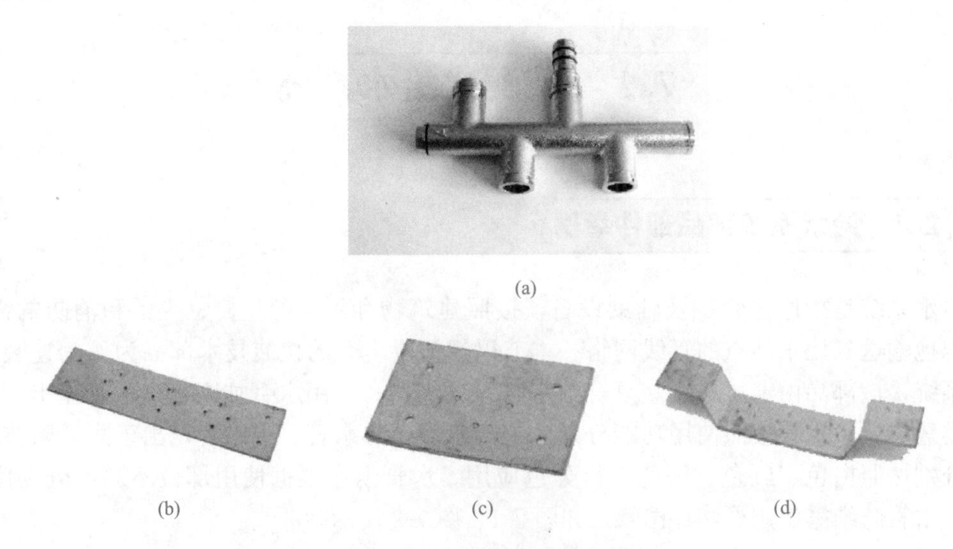

图 7-3　连接构造部件实物图

(a)分水器；(b)水管加固双头平板；(c)水管加固单头平板；(d)水管加固 U 形平板

分水器与用水点之间整根水管定制无接头。水管之间采用快插承压接头，连接可靠且安装效率高。水管分色并进行唯一标签，易于识别和信息传递。

7.2.2 给水系统施工准备

施工前的技术准备内容包括熟悉施工图纸与现场，做好技术、环境、安全交底等。卡压式铝塑复合给水管为定尺生产部品，分色要正确，标签要清晰。安装辅料包括固定卡(座)、带座弯头、卡簧等。施工工具主要包括三级电箱、冲击钻配 6 mm 钻头、充电手枪钻、红外线仪、卷尺、中号记号笔。

7.2.3 给水系统施工流程

装配式给水系统的施工，可按图 7-4 所示的流程实施，施工步骤如下：

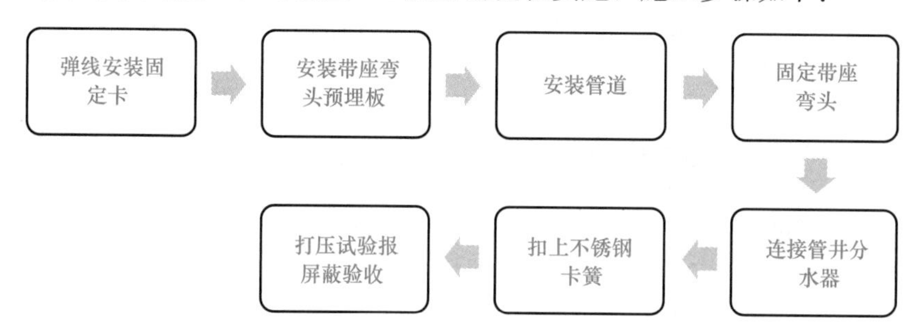

图 7-4 装配式给水系统施工流程

(1)给水管道弹线安装固定卡。按照图纸弹好给水管线路，在吊顶上隔 500 mm 安装一个 PVC 扣卡(图 7-5)，在相应的墙体位置间隔 700～800 mm 安装一个 PVC 座卡。吊顶上，有和电路交叉的位置，应在 PVC 扣卡加上丁字形胀塞调整 PVC 扣卡的水平高低。

图 7-5 安装 PVC 扣卡

(2)在管道出墙位置安装带座弯头预埋板。根据图纸所示位置，安装好水管加固单头平板或水管加固双头弯板。安装时，应控制预埋板和龙骨完成面形成 30 mm 的带座弯头安装空间，如图 7-6 所示。

(3)安装管道，固定带座弯头。安装管道前应套好橡塑保温管，先按图纸要求固定好管道带座弯头一端，然后扣好管道，在顶部阴角处按 180 mm 直径弯曲管道呈 90°，直插接头朝向主管道，如图 7-7 所示。

图 7-6　安装出水端口固定板

图 7-7　固定带座弯头

(4)安装管井分水器，扣上不锈钢卡簧。各支管安装好后从最末段依次用承插式分水器连接好主管和各支管，用不锈钢卡簧扣住，并确认卡簧扣入环槽，如图 7-8 所示。根据管道走线把入户管道安装固定至给水管道井内。确认好连接位置，安装上内丝活接卡压件，并接入管井内给水分水器。

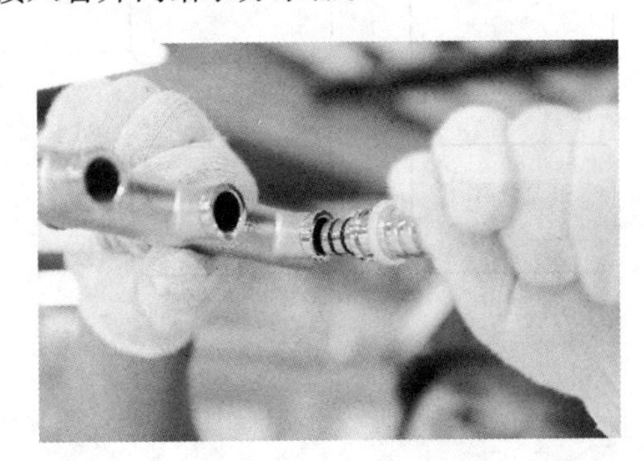

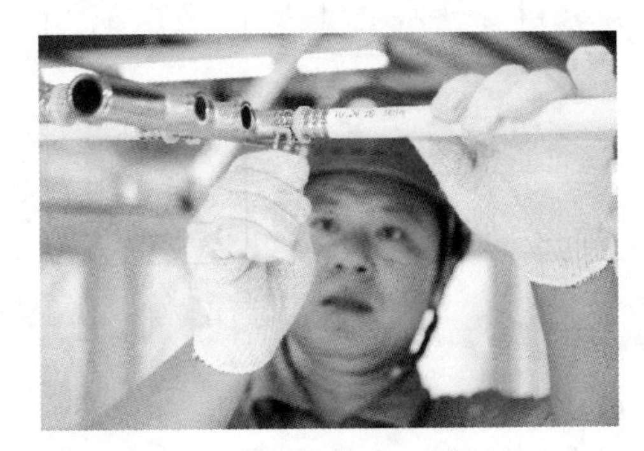

图 7-8　连接分水器

(5)打压试验报屏蔽验收。施工人员根据技术要求，串联好户内各末端，在管井内或户内进行打压试验，且应用准确有效的压力表指示压力值，打压压力值应符合相关规范要求。且保水压不低于规范要求时间，水压试验资料需由技术人员签字，并经监理验收签认。

注意事项：所有管路均为定尺加工，不得裁切，分色设置给水管路。如遇顶部水电管路交叉，应设置相应吊挂件，以保证电路在上，水路在下。安装完毕后进行打压试验。

7.2.4　给水系统质量验收

1. 材料验收

对于进入施工现场的材料，厂家需要提供生产厂家资质、检测报告(复试结果应符合验收规范的要求)、合格证书。橡塑保温管进场需做进场复试，复试合格方可使用。

2. 给水管安装验收

给水管道必须采用与管材相适应的管件，生活给水系统所涉及的材料必须达到饮用水卫生标准。以工作压力不大于 1.0 MPa 的室内给水管道安装工程的质量检验与验收为例。

给水塑料管和复合管可以采用橡胶圈接口、粘结接口、热熔连接、专用管件连接及法兰连接等形式，塑料管和复合管与金属管件、阀门等的连接应使用专用管件连接，不得在塑料管上套丝。给水立管和装有 3 个或 3 个以上配水点的支管始端，均应安装可拆卸的连接件。当冷、热水管道同时安装时，上、下平行安装时，热水管应在冷水管上方；垂直平行安装时，热水管应在冷水管左侧。

3. 给水管道及配件验收

(1)主控项目验收。室内给水管道的水压试验必须符合设计要求，当设计未注明时，各种材质的给水管道系统试验压力均为工作压力的 1.5 倍，且不得小于 0.6 MPa，检验方法是金属及复合管给水管道系统在试验压力下观测 10 min，压力降不应大于 0.02 MPa，然后降到工作压力进行检查，应不渗不漏：塑料管给水系统应在试验压力下稳压 1 h，压力降不得超过 0.05 MPa，然后在工作压力的 1.15 倍状态下稳压 2 h，压力不得超过 0.03 MPa，同时检查各连接处不得渗漏。

给水系统交付使用前必须进行通水试验并做好记录，检验方法是观察和开启阀门、水嘴等放水。生活给水系统管道在交付使用前必须冲洗和消毒，并经有关部门取样检验，符合国家《生活饮用水卫生标准》(GB 5749—2006)方可使用，检验方法是检查有关部门提供的检测报告。

(2)一般项目验收。给水引入管与排水排出管的水平净距不得小于 1 m。室内给水与排水管道平行敷设时，两管之间的最小水平净距不得小于 0.5 m；交叉铺设时，垂直净距不得小于 0.15 m，给水管应铺在排水管上面，若给水管必须铺在排水管的下面时，给水管应加套管，其长度不得小于排水管管径的 3 倍，检验方法是尺量检查。给水管道和阀安装的允许偏差应符合表 7-1 的规定。管道的支、吊架安装应平整牢固，其间距应符合相关规范要求，检验方法是观察、尺量及手扳检查。

表 7-1　管道和阀门安装的允许偏差和检验方法

项次	项目			允许偏差/mm	检验方法
1	水平管道纵横方向弯曲	钢管	每米 全长 25 m 以上	1 ≤25	用水平尺、直尺、拉线和尺量检查
		塑料管 复合管	每米 全长 25 m 以上	1.5 ≤25	
		铸铁管	每米 全长 25 m 以上	2 ≤25	
2	立管垂直度	钢管	每米 5 m 以上	3 ≤8	吊线和尺量检查
		塑料管 复合管	每米 5 m 以上	2 ≤8	
		铸铁管	每米 5 m 以上	3 ≤10	
3	成排管段和成排阀门		在同一平面上间距	3	尺量检查

4. 冲洗、消毒试验

室内给水管道在交付使用前必须冲洗和消毒，进行水质检测。

7.3 装配式排水系统

装配式排水系统主要用于居住建筑和公共建筑的卫生间，两者相通，且住宅对排水系统的品质更加敏感，本节以居住建筑同层排水系统为例介绍装配式排水系统施工技术。

7.3.1 同层排水技术

同层排水是指把洁具排水支管，敷设在与洁具相同一个楼层空间内的排水系统，即支管不需要穿越上、下楼层之间楼板的套内排水系统。同层排水的优势如下：

(1)物权责任明晰化。同层排水，卫生间的排水支管不再穿越楼板，使得上、下楼层的住户，不再因为这部分空间和管道管件而产生所有权与使用权纠纷及其漏水等相关问题。异层排水，由于排水支管敷设于下一层的吊顶处，对下层住户不仅有空间利用上的影响，而且出现漏水时还会影响下层住户的正常使用。当出现漏水问题时，会引发了一些矛盾，漏水故障未必是作为使用方的上层住户造成的，责任不容易划分，也未必就是作为受害方的下层住户造成的，容易产生邻里纠纷，处理起来比较困难。同层排水较好地解决了这个问题，由于没有了物权责任矛盾，自家的事情在自家解决，物权责任清晰明确。

(2)住房改造便利化。同层排水在立管上的分支管件及其横支管，都在楼板之上的住户自己的物权范围之内。当发生住户改造，尤其是一家一户的单独改造，就不会严重影响下层住户的情况，便于实施改造。在后期改造过程中，由于支管不穿越楼板，支管下的防水工作，对楼下也不会产生渗漏影响。

(3)卫生间舒适度提高。同层排水系统的应用，极大地改善了住户的使用环境，包括自家的使用和外界的干扰。外界干扰方面，由于上层的排水支管不再穿越本层，上层使用排水设施的噪声被隔离在楼板之上，对本层的影响就可以大大地减轻，甚至可以忽略不计。自家使用方面，由于支管不再固定于地面的特定位置和方向，因此，洁具的布局可以相对个性化，并且马桶不再需要向下排放，而是可以墙排，达到所有的洁具不再需要落地。壁挂洁具，对于容易严重污染的卫生间来说，卫生清洁就变成非常容易的工作。

卫浴空间排水方式如图 7-9 所示。

整体卫浴壁板高度(墙板高度)现有 2 100 mm、2 200 mm、2 300 mm、2 400 mm、2 500 mm、2 600 mm 几种。

当采用降板方式时，整体卫浴防水盘与其安装结构面之间的预留安装尺寸：采用异层排水方式时不宜小于 110 mm；采用同层排水后排式坐便器时不宜小于 200 mm；采用同层排水下排式坐便器时不宜小于 300 mm；整体卫浴顶板与卫浴顶部结构最低点的间距不宜小于 250 mm。

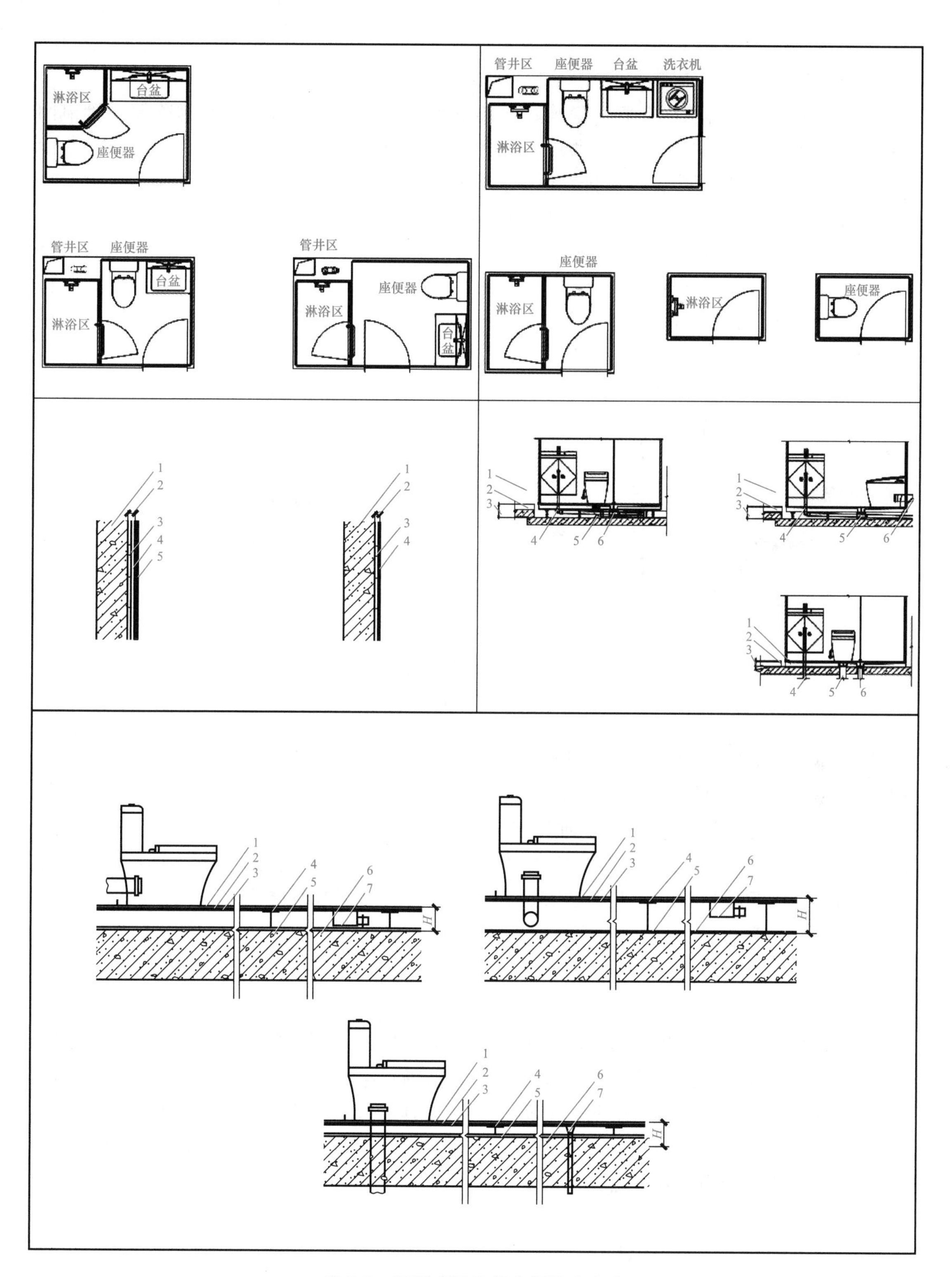

图 7-9　装配式卫生间空间排水方式

7.3.2 排水系统部品部件举例

同层排水系统由排水横支管、隐蔽式支架系统、同层排水地漏、积水排除器、管道固定支架等构成。卫生间的排水系统通过沿墙敷设或地面架空敷设，其排水横支管通过地面架空层连入排水立管[卫生器具的排水流量、当量、排水管径、排水设计秒流量等水力计算应符合《建筑给水排水设计标准》(GB 50015—2019)的规定]。

集成厨房的排水是在橱柜的地柜内通过带水封的厨房存水弯排至竖向立管。当厨房落水管管径小于排水横支管管径时，应通过密封圈进行连接，以避免异味进入室内。同层排水专用地漏的水封深度应满足防止反味与瞬间集中排水需要。同层排水专用地漏包括专用排水地漏和专用洗衣机地漏，如图 7-10 所示。

图 7-10 同层排水部件

(a)HDPE 管道；(b)洗面盆排水；(c)专用排水地漏；(d)专用洗衣机地漏

同层排水管路施工方便，使用同层排水管可调座卡固定排水管，一方面，可调高度以便排水管找坡；另一方面，支架与地面采取非打孔方式固定，避免对于结构层的破坏。目前，行业内较为成熟做法之一是通过将坐便器与其他排水分离，能够在 130 mm 的薄法空间实现同层排水；地漏、整体防水底盘与排水口之间形成机械连接，以解决漏水问题。同层排水专用淋浴地漏的水封需大于 50 mm，实现拦截毛发和大部分垃圾异物且便于清洁和疏通堵塞。

7.3.3 排水系统施工准备

排水系统施工技术准备，第一，确认施工图纸与现场，做好技术、环境、安全交底等；第二，做好材料准备，排水管应定尺加工，标签清晰；第三，准备好安装辅料，包括可调节支架、硅酮结构密封胶等；第四，准备好施工工具，包括三级电箱、角磨机、管材倒角器、胶枪(结构胶)、卷尺、中号记号笔等；第五，确认作业条件，作业条件为卫生间防水层和保护层完成、隔墙竖龙骨完成、排水立管完成。

7.3.4 排水系统施工流程

同层排水系统施工流程如图 7-11 所示。施工步骤如下：

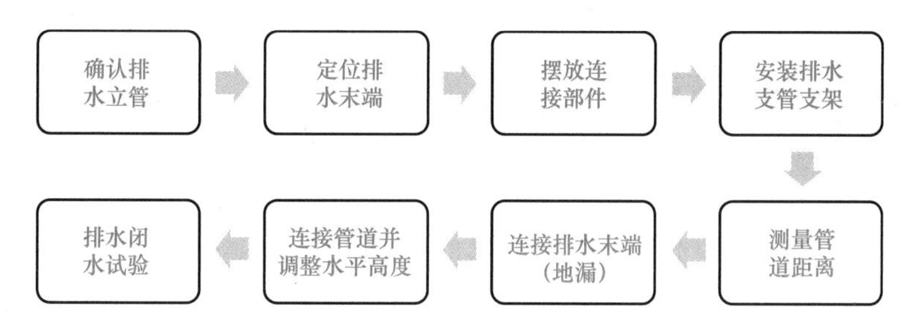

图 7-11　同层排水施工流程

(1)排水立管的确认和施工。确认排水立管符合施工图纸，并对支管连接口位置进行确认。

(2)排水点位的定位。根据图纸定位好地漏等排水点位，在地面做好标记。并根据排水图纸绘制好排水管线位置图。

(3)排水支管支架的定位。根据水平坡度计算出排水点位的水平高低位置，并沿排水管线间隔 800 mm 左右且每根管子不少于 1 个支架粘好支架(图 7-12)，要根据所需高度选用合适规格的支架。

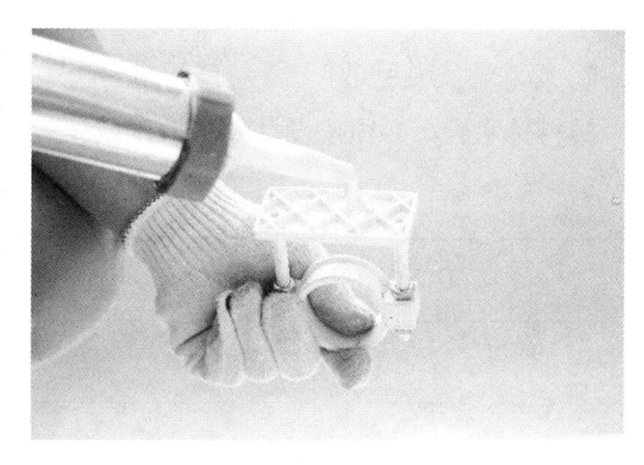

图 7-12　固定排水支架

(4)排水支管的装配。根据施工图纸排放好连接接头，测量所需管材，采取所需直径的管子，对裁切两头进行倒角处理，然后对倒角处涂抹凡士林等润滑剂。插接上连接接头内组装好排水管路，并根据坡度调节好支架高度并固定完成，如图 7-13 所示。

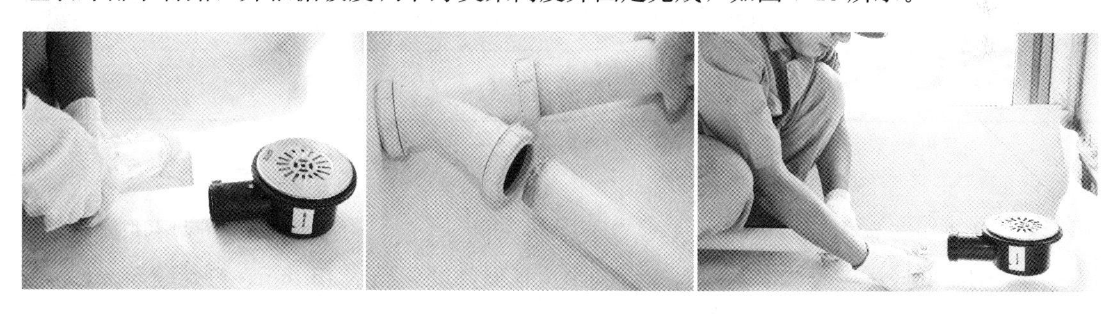

图 7-13　安装排水管及管件

(5)排水闭水试验和屏蔽验收。施工完成后应用闭水气囊将管道封堵进行闭水试验，确认无渗漏后报施工监理或质检进行屏蔽验收。

排水部品安装时应符合规范中对于排水管坡度的要求，详见表 7-2。

表 7-2　同层排水管安装技术要求

管径/mm	最小坡度/‰
50	12
75	8
110	6

7.3.5 排水系统质量验收

1. 材料验收

排水管材可选用排水PP管、HDPE管等符合使用要求的管材，采用热熔连接，应配套可调节管件高度的免打孔固定件。进场验收需要提供的相关资料，主要有材料进场厂家需提供生产厂家资质、检测报告(复试结果应符合验收规范的要求)、合格证书。PP管进场需要进行复试，经复试结果合格方可使用。

2. 排水管安装验收

塑料排水管，必须按设计要求坡度或按表7-3、表7-4的规定施工。

表7-3 生活污水塑料管安装坡度

序号	管径/mm	标准坡度/‰	最小坡度/‰
1	50	25	12
2	75	15	8
3	110	12	6

表7-4 塑料排水横管固定件的间距

公称直径/mm	50	75	100
支架间距/m	0.6	0.8	1.0

3. 灌(满)水系统调试

排水管道安装完成后，应按施工规范要求进行闭水试验。闭水试验应逐层进行试验，以一层结构高度采用橡胶球胆封闭管口，满水至地面高度，满水15 min，再延续5 min，液面不下降，检查全部满水管段管件、接口无渗漏为合格。

4. 通水、通球系统调试

排水干管、主立管应进行100%通球试验，并做记录，通球试验后必须填写通球试验记录，凡需做通球试验的而未进行试验的，该分项工程为不合格。通球试验应在室内排水及卫生器具安装全部完毕，通水检查合格后进行。管道试球直径应不小于排水管道管径的2/3，应采用质量轻、易击碎的空心球体进行，通球率必须达到100%。

试验方法：排水立管应自立管顶部将试球投入，在立管底部引出管的出口处进行检查，通水将试球从出口处冲出。横干管及引出管应将试球在检查管管段的始端投入，通水冲至引出管末端排出，室外检查井需加设临时网罩，一边将试球截住取出。通球试验以试球通畅无阻为合格，若不通的，应及时清理管道堵塞物并重新试验，直到合格为止。

7.4 装配式采暖系统

7.4.1 采暖系统部品部件介绍

装配式采暖系统以采用装配式架空地面基础上的集成采暖系统最为典型，主要特点：一是高度集成性，在架空地面系统的模块结构中增加采暖管和起保温隔热作用的聚苯板，以实现地面高散热率，如型钢复合地暖模块(图 7-14)；二是安装快捷，地暖模块、PE—RT 采暖管、硅酸钙板平衡板三分离又能快速连接，安装时固定地脚、盘管、盖板、调平一气呵成；三是散热率高，硅酸钙板平衡板导热性达到 85%以上，脚感舒适；四是易于维护，随着使用时间延长采暖管内沉积了水垢，可以拆下水管清洗或更换，比其他地暖系统具有快拆、快装的优势。

图 7-14　集成采暖部品

7.4.2 采暖系统施工准备

施工前的技术准备包括熟悉施工图纸与现场，做好技术、环境、安全交底等内容。部品部件及材料准备和要求如下：

(1)发热块：主要由支撑镀锌钢板架空部件、阻燃聚苯板保温部件、高密度硅钙板保护部件、地暖管部件及相应的地脚扣件等配套部件组成，发热块定宽 400 mm，长度可根据设计图纸和订货清单定制。

(2)非标块：除不含有地暖管部件外，其他部件与发热块相同。非标块的长度、宽度属于非标准化的规格，运至现场的非标块，保护板要固定好。

(3)模块专用调整地脚：可分为平地脚(中间部位用)和斜边地脚(边模块用)两种，并匹配调节螺栓(50 mm、70 mm、100 mm、120 mm 四种规格)，每个调整螺栓底部均设置橡胶垫。橡胶垫具有防滑和隔声功能，安装时不能遗失。

(4)安装辅料：安装时需匹配发泡胶、布基胶带、地暖管套管、米字纤维固定螺栓等。

(5)施工工具：包括红外线水平仪、墨盒、卷尺、一字钉货具、十字螺钉货具、美工刀、充电手枪钻、铅笔、2 m 长靠尺、3 级配电箱、扫把、搓子、吸尘器、地暖管切割剪等。

7.4.3 采暖系统施工流程

装配式采暖系统的施工可按图 7-15 所示的流程实施。

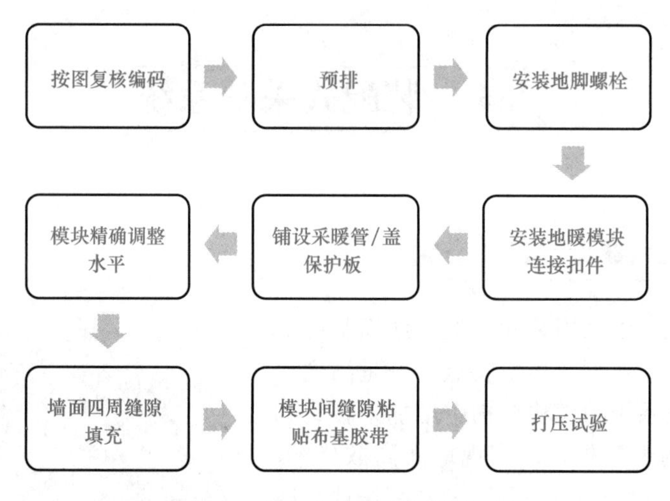

图 7-15　装配式采暖系统施工流程

装配式采暖系统具体施工步骤如下：

(1)清理房间。用扫把和吸尘器清理地面，确保地面干净整洁。

(2)按图纸排布铺设地暖模块，按照图纸复核编号及尺寸，按序号排列。

(3)安装调整地脚，调节螺栓根据地面平整度来调整，不能过短或过长。

(4)地脚应参照图纸及规定设置，间距不大于 400 mm。

(5)安装地暖模块连接扣件并用螺钉和地脚拧紧。为防止边模块翘起，扣件螺钉不要上得过紧。

(6)地暖模块铺好后，检查房间四周与墙距离是否符合设计图纸要求。

(7)按设计图纸走向铺设采暖管，接入分集水器(图 7-16)位置留量要充足。每路管应做好区域和供回水标记(图 7-17)，以便接分集水器。地暖加热管管径、间距和长度应符合设计要求，间距允许偏差为±10 mm。

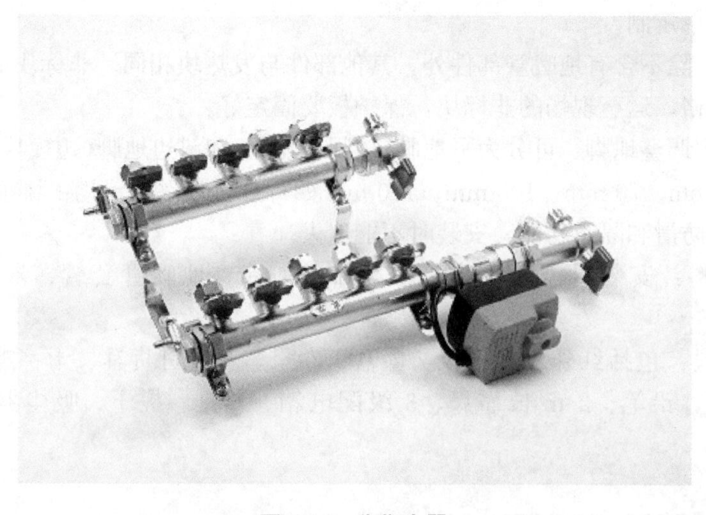

图 7-16　分集水器

(8)每个模块暖管过渡部位应放置 15 cm 长的波纹管对地暖管给予保护，如图 7-18 所示。

(9)铺设采暖管时应按照先里后外的顺序，逐步铺向集分水器。随铺随盖保护板并用专用卡子卡牢。平衡层与地暖模块应粘结牢固，表面平整，接缝整齐，如图 7-19 所示。

(10)每路主管从架空层下穿过其他区域到达集水器位置。接入分集水器的管路穿波纹管保护(图 7-20)。地暖分集水器的型号、规格及公称压力应符合设计要求，分集水器中心距离地面应不小于 300 mm。

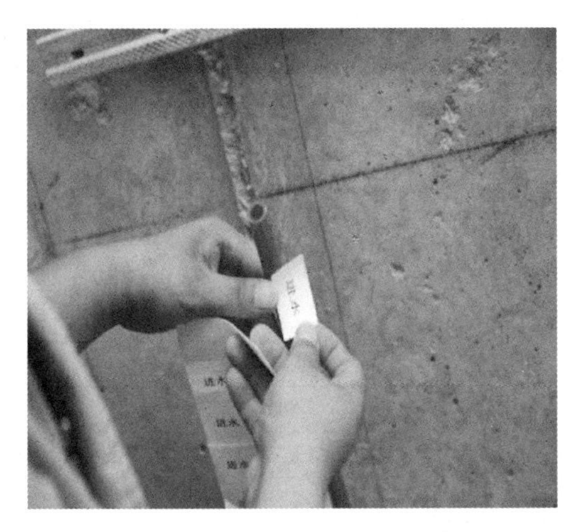

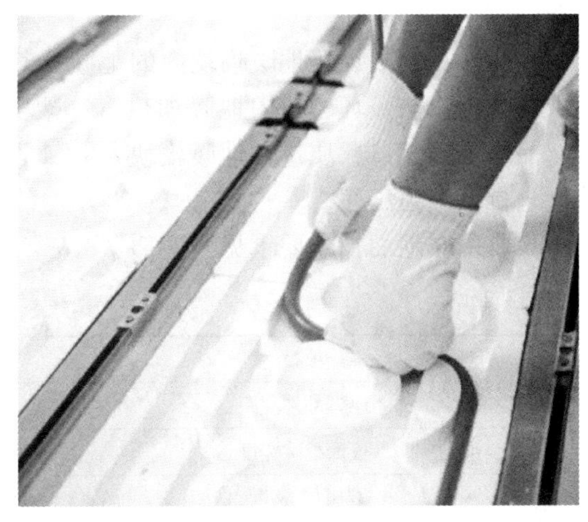

图 7-17　地暖管标识

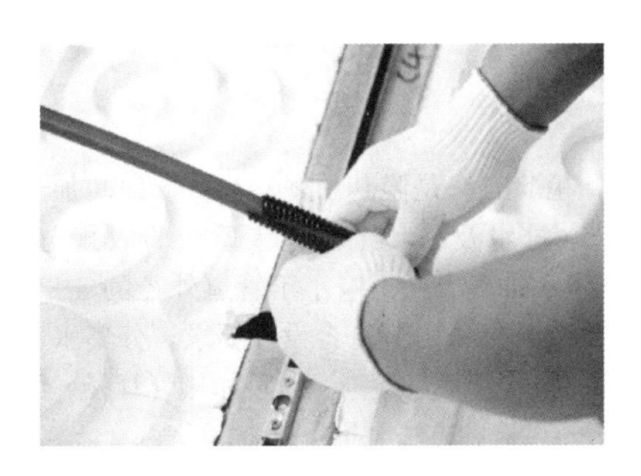

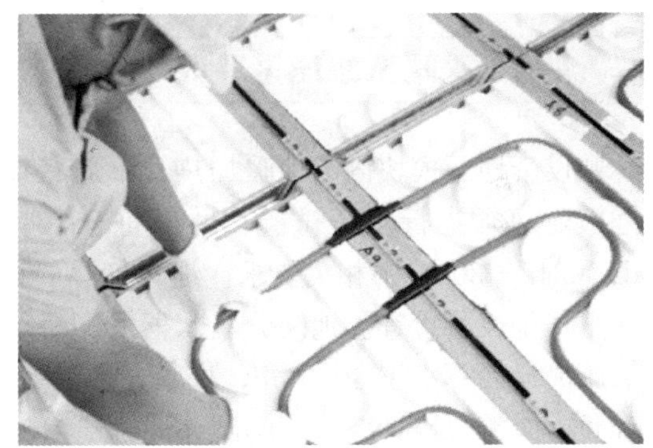

图 7-18　地暖管排布

图 7-19　覆盖保护板

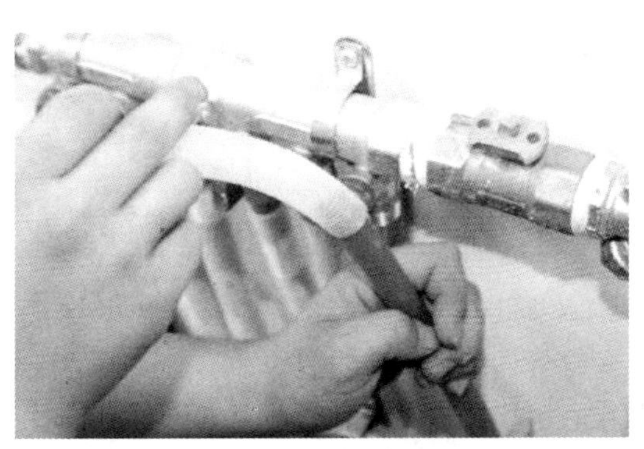

图 7-20　连接分集水器

(11)模块全部铺设完毕用红外水平仪再精确调整水平，用 2 m 靠尺仔细检查是否平整，达到验收标准。

(12)检测无误后，墙面四周缝隙用发泡胶间接填充，防止模块整体晃动。模块缝隙用布基胶带封好。

(13)铺设地板前应连接分集水器且进行打压试验，打压试验验收合格并做好隐蔽验收。

注意事项：敷设于地暖模块内的地暖加热管不应有接头；地暖模块上严禁垂直打入钉类或钻孔，以防破坏模块内地暖加热管；架空系统每平方米静荷载极限为 9.8×10^6N，码放物品时请勿超过此质量；地暖模块及管铺设完成后应打压试验并做好记录，全部合格后才能进行下一道工序。

集成采暖地面技术要求见表 7-5。

表 7-5　集成采暖地面技术要求

项目	技术要求/mm
地脚部件间距	≤400
板面缝隙宽度	±0.5
表面平整度	≤2
相邻地板板材高差	≤0.5

7.4.4　采暖系统质量验收

敷设于地板模块内的地暖加热管不应有接头，检验方法是隐蔽前观察检查。地暖加热管隐蔽前必须进行水压试验，并应符合《建筑给水排水及采暖工程施工质量验收规范》(GB 50242—2002)中相关要求。地暖加热管弯曲部分曲率半径不应小于管道外径的 8 倍，检验方法是尺量检查。地暖分集水器的型号、规格及公称压力应符合设计要求，分集水器中心距离地面不小于 300 mm，检验方法是查看检测报告和尺量检查。地暖加热管管径、间距和长度应符合设计要求，间距允许偏差为±10 mm，检验方法是尺量检查。

7.5　装配式电气系统

7.5.1　电气系统部品部件举例

本节以铠装电缆为例介绍装配式电气系统敷设施工。铠装电缆装配式电气系统敷设施工免穿管、省人工、安装快、易弯曲、屏蔽性能好，连锁铠甲电缆及配件用于线路的末端敷设，可代替的电线网线和金属管。可代替的电线网线包括铜芯聚氯乙烯绝缘电线(BV)、铜芯交联聚乙烯绝缘电线(BYJ)、各类网线、光纤光缆及光电复合缆；可代替的金属管包括套接紧定式镀锌钢导管(JDG)、国标扣压式导线管、钢导管(KBG)、普通焊接钢管(SC)。

铠装电缆装配式电气系统安装快捷、安装效率高，降低了对工人的技能要求，避免了因穿线错误而返工和牵拉时造成的电线损伤，有利于运行维护，二次拆改时循环利用率高，如图 7-21 所示。

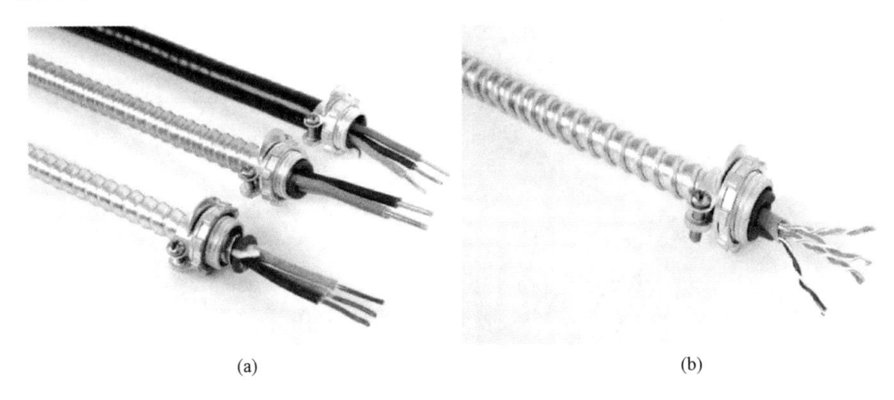

(a) (b)

图 7-21　装配式布线系统

(a)强电；(b)弱点

7.5.2　电气系统施工准备

电气系统施工前的准备工作，主要包括检查施工现场的材料，准备钳子、手动或电动螺钉旋具、剥铠器、手锯、手套等。

7.5.3　电气系统施工流程

(1)按图纸位置选择开关底盒。

(2)根据电缆路由测量盒之间所需要的电缆长度。为了布线美观，要弹上墨线。

(3)根据图纸要求，辨认并选取对应芯数和截面的预制装配式铠装电缆，根据第(2)步的测量值截取一段电缆。

(4)将电缆固定在电缆路由上，可采用马鞍卡或其他固定件，固定间距不超过 0.5 m，如图 7-22 所示。电缆布线要美观整齐，可在转弯处适当增加固定点。

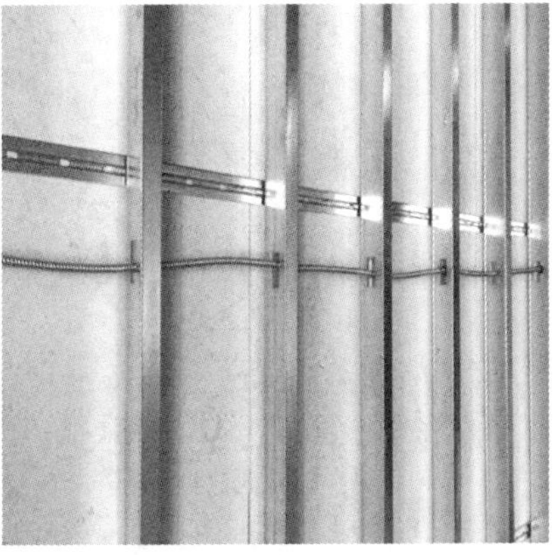

图 7-22　铠装电缆路由

(5)电缆的两端在开关底盒的预留长度为 10 cm 以上。

(6)剥铠：用剥铠器把铠装剥掉，露出线芯，去除隔离层。注意小心操作，不要伤害绝缘层，如图 7-23 所示。

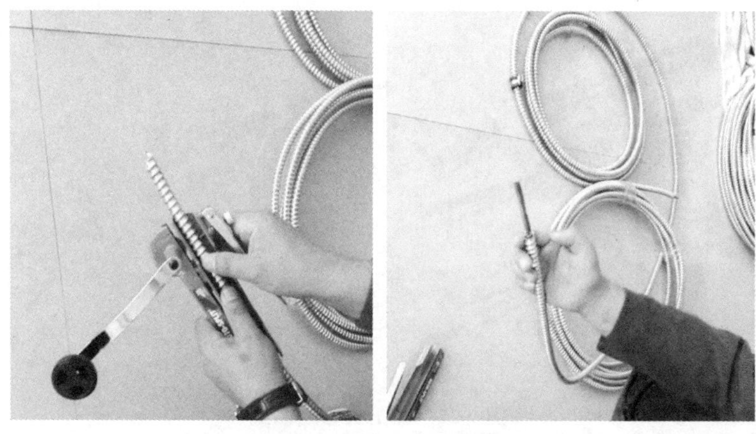

图 7-23　铠装电缆剥铠

(7)将塑料护口(图中红色部件)套在铠装与线芯之间(图 7-24)。然后，将剥好的端头，穿过开关底盒的敲落孔，用专用铠装入盒固定卡(图中带螺栓部件)固定好。如为光纤、网线或光电复合缆，则按照相应接续步骤，在接线盒内进行导体部分连接，如图 7-25 所示。

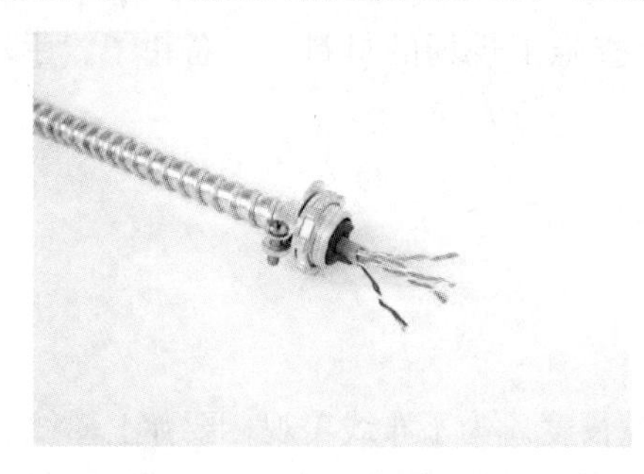

图 7-24　铠装电缆(网线)

图 7-25　铠装电缆接线

(8)电缆安装完毕，安装面板接口、面板开关、插座及灯具即可，如图 7-26 所示。

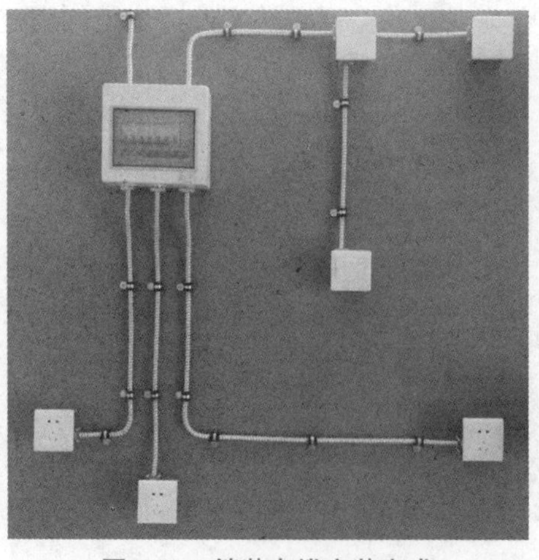

图 7-26　铠装电缆安装完成

7.5.4 电气系统质量验收

电气系统安装敷设质量验收应符合《建筑电气工程施工质量验收规范》(GB 50303—2015)的要求。

(1)线路检查。接、焊、包全部完成后，应进行自检和互检；检查导线接、焊、包是否符合设计要求与有关施工验收规范及质量验评标准的规定，不符合规定时应立即纠正，检查无误后再进行绝缘摇测。

(2)绝缘摇测。照明线路的绝缘摇测一般选用 500 V，量程为 0～500 MΩ 的兆欧表。电气器具未安装前进行线路绝缘摇测时，首先将灯头盒内导线分开，开关盒内导线连通。摇测应将干线和支线分开。摇测时，应及时进行记录，摇动速度应保持在 120 r/min 左右，读数应采用 1 min 后的读数为宜。电气器具全部安装完成后，在送电前进行摇测时，应先将线路的开关、刀闸、仪表、设备等用电开关全部置于断开位置，摇测方法同上所述，确认绝缘摇测无误后再进行送电试运行。

第 8 章　基于 BIM 的装配式建筑信息化管理

随着建筑信息模型技术、物联网、大数据和云计算等信息技术的应用，一些前瞻性的企业逐步研发和建立基于 BIM 的装配式建筑信息化管理体系。虽然大多数项目尚未实现 BIM 在设计、生产、施工、运维等全过程的打通，但一些先进的施工企业已经率先进行了管线碰撞、施工模拟等实践，建筑产业数字化进程正日益落到实处。装配式建筑三维可视化数据模型能够在全生命周期内提供协调一致的信息，实现数据共享和协同工作。在施工过程中，通过 BIM 实现构件运输、安装及施工现场的一体化智能管理，利用拼装校验技术与智能安装技术指导施工，优化施工工艺，可有效提高建造效率和工程质量，降低人工工作量。本章主要就装配式混凝土建筑如何依托于 BIM 技术进行工程项目施工的信息化管理进行介绍。

8.1　项目管理信息化平台

8.1.1　项目管理 BIM 技术应用概况

为贯彻落实《中华人民共和国国民经济和社会发展第十四个五年规划和 2035 年远景目标纲要》《关于推动智能建造与建筑工业化协同发展的指导意见》《关于加快新型建筑工业化发展的若干意见》《关于推进建筑信息模型应用的指导意见》等一系列文件要求，建筑业 BIM 技术应用正逐步从试点示范向房建、市政、基础设施等领域全面扩展。目前，北京、上海、深圳等地大型工程项目在设计阶段已应用 BIM 技术，并呈现出从聚焦设计阶段向施工阶段深化应用转变、从单点技术应用向项目管理应用转变、从单机应用向基于网络的多方协同应用转变的发展趋势。

随着一系列基础性标准的发布实施，BIM 的标准规范体系已初步建立，为 BIM 在建筑工程全生命期的应用奠定了基础。《建筑信息模型应用统一标准》(GB/T 51212—2016)、《建筑信息模型施工应用标准》(GB/T 51235—2017)《建筑信息模型分类和编码标准》(GB/T 51269—2017)、《建筑信息模型设计交付标准》(GB/T 51301—2018)等均已发布并实施。

2020 年 7 月 3 日，住房和城乡建设部联合国家发展和改革委员会、科学技术部、工业和信息化部、人力资源和社会保障部、交通运输部、水利部等 13 个部门联合印发《关于推动智能建造与建筑工业化协同发展的指导意见》(以下简称《意见》)。《意见》提出：加快推动新一代信息技术与建筑工业化技术协同发展，在建造全过程加大建筑信息模型(BIM)、互联网、物联网、大数据、云计算、移动通信、人工智能、区块链等新技术的集成与创新应用。

2020年8月28日，住房和城乡建设部、教育部、科技部、工业和信息化部等9个部门联合印发《关于加快新型建筑工业化发展的若干意见》(以下简称《若干意见》)。《若干意见》提出：大力推广建筑信息模型(BIM)技术。加快推进BIM技术在新型建筑工业化全寿命期的一体化集成应用。充分利用社会资源，共同建立、维护基于BIM技术的标准化部品部件库，实现设计、采购、生产、建造、交付、运行维护等阶段的信息互联互通和交互共享。试点推进BIM报建审批和施工图BIM审图模式，推进与城市信息模型(CIM)平台的融通联动，提高信息化监管能力，提高建筑行业全产业链资源配置效率。

8.1.2 装配式混凝土建筑项目管理系统

装配式混凝土建筑项目管理系统是将工程建设的业务流程和运行过程转化为计算机语言，也就是数字化；其核心是平台建设，主要包括行业级、企业级和项目级三个层级，三者融合发展就构成了一个立体的产业互联网平台。行业级平台聚焦于打通某一垂直细分领域上下游产业链，如住房和城乡建设部科技与产业化促进中心牵头研发的装配式建筑产业信息服务平台(图8-1)、中建集团基于工程集采的云筑网、树根互联的商品混凝土运输派单平台等；企业级平台聚焦于企业对自身产业链的高效管理；项目级平台聚焦于依托BIM技术实现工程项目全流程信息化管理，如中建科技的智能建造平台。装配式建筑产业信息服务平台构建了“6+6+6”体系。本书以装配式建筑产业信息服务平台中的装配式混凝土项目管理系统(以下简称项目管理系统)为例进行阐述。

图8-1 装配式建筑产业信息服务平台主页

项目管理系统依据装配式混凝土建筑特点和标准，以流程化、标准化的方法实现了建筑模型与数据库信息交互。通过将BIM技术与施工计划、实施进度、质量管理、生产管理等相融合，实现了项目上下游参与方全过程BIM应用、信息共享互通，提高信息准确率、传递效率，实现了跨平台、跨区域、跨项目的全过程可视化管理。项目管理系统按岗位、分角色对施工全过程进行管控，主要包含项目信息管理、生产协同、质量管理、施工管理

(包含计划及进度管理)、人员管理、安全管理、设备管理、材料管理、文档管理、可视化管理及其他管理等模块，如图 8-2 所示。

该项目管理系统可应用于实际工程中，也可应用于教学实训中，教师可以通过下达实训任务书的形式展开教学，模拟实际工程的相关管理，实现在校内即可完成实训的目的。

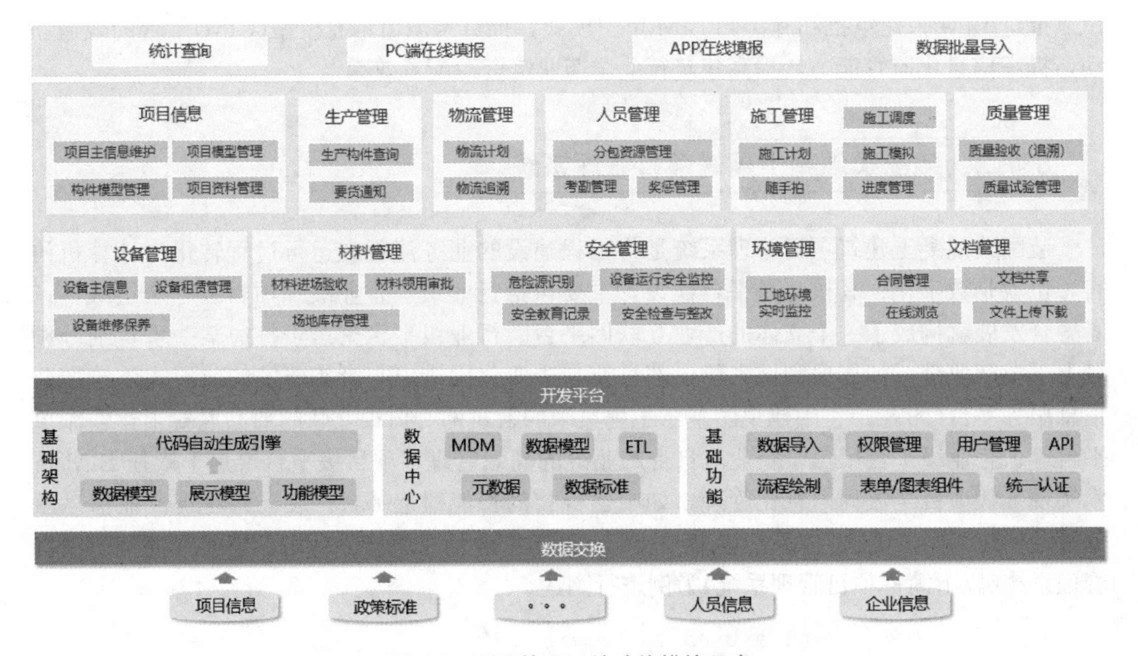

图 8-2　项目管理系统功能模块示意

8.1.3　项目级装配式建筑智能建造平台

一些先进企业已经研发了企业级、项目级装配式建筑智能建造平台，旨在使工业化建筑的一体化 BIM 协同设计关键技术及时响应互联网、大数据、人工智能引导下的第四次产业革命浪潮对建筑业提出的新要求。如中建科技集团有限公司研发具有自主知识产权的“装配式建筑智慧建造平台”，实现了全系统数字设计和全过程云端协同，包括数字设计、云筑网购、智能工厂、智慧工地、幸福空间五大模块，融合设计、采购、生产、施工、运维的全过程，突破传统的点对点、单方向的信息传递方式，实现全方位、交互式信息在同一平台传递。

8.1.4　数字化建造和施工科学管理

数字化建造的前提是详尽的数字化信息，而 BIM 模型的构件信息都以数字化形式进行存储。例如，数控设备需要的就是描述构件的数字化信息，这些数字化信息为数控设备提供了构件精确的定位信息，为智能建造提供了必要条件，如图 8-3 所示。

施工科学管理通过 BIM 技术与 3D 激光扫描、视频、图片、GPS、移动通信、

RFID(无线射频技术)、互联网等技术的结合，实现对现场的构件、设备及施工进度和质量的实时跟踪。通过 BIM 技术和管理信息系统的集成，有效支持造价、采购、库存、财务等的动态精准管理，减少库存开支，在竣工时可以生成项目竣工模型和相关文件，有利于后续的运营管理。业主、设计方、生产厂家、材料供应商等可利用 BIM 的信息集成化与施工方进行沟通，提高效率，减少错误(图 8-4)。

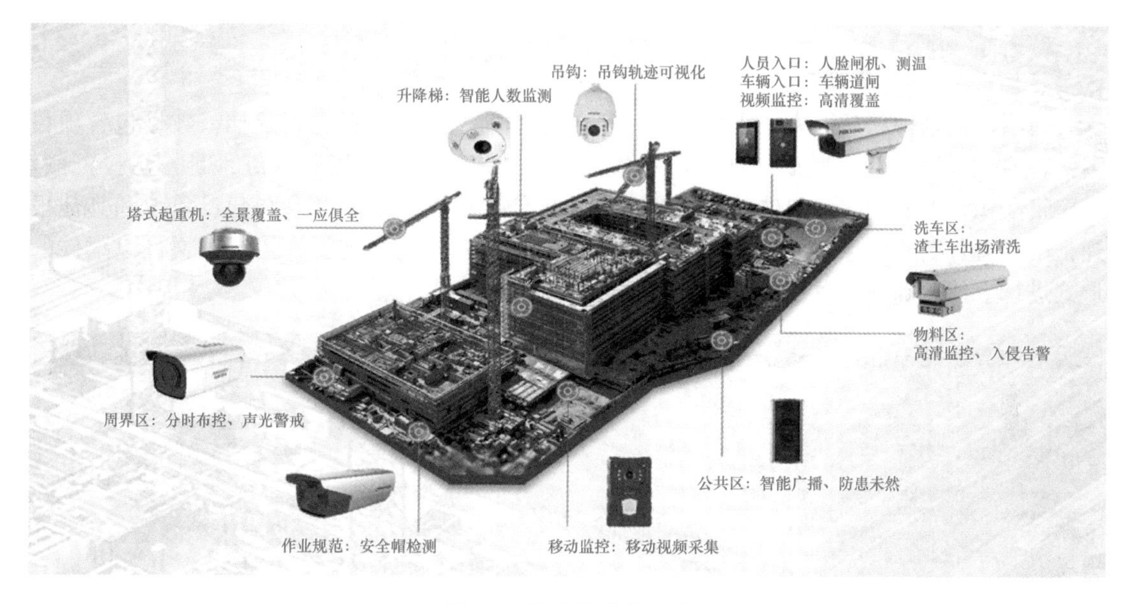

图 8-3 数字化建造示意

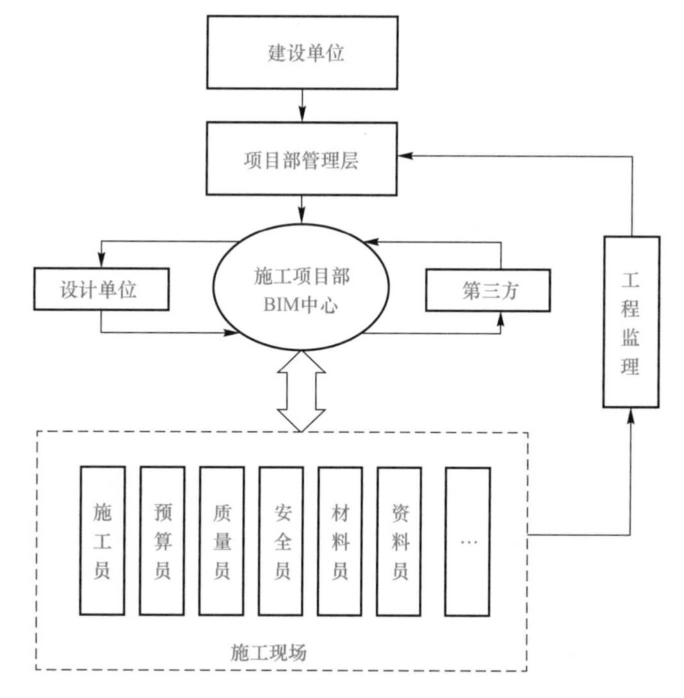

图 8-4 基于 BIM 的装配式混凝土建筑工程项目施工组织架构示意

8.2 项目基本信息的建立

8.2.1 项目信息管理

在项目信息管理功能模块中可以录入项目基本信息，对项目进行建档，数据包含项目名称，建筑类型，建筑性质，项目所在省、市、县位置，经纬度与详细地址，总投资额，总建筑面积，地上面积，单体工程数量，建设单位，项目联系人及参与建设单位和其他报建证书取得日期等信息，同时，可将项目概况、项目效果图、施工许可证等文件以附件的形式进行上传，确保项目基本信息的完整性，如图 8-5 所示。

图 8-5　录入项目基本信息界面

8.2.2 项目模型管理

项目录入信息审核通过后，可将项目 BIM 上传到系统。

(1)系统兼容常见三维模型设计软件，并自动进行轻量化。

(2)系统自动读取 BIM 中构件 BOM 清单，进行工程量计算(图 8-6)。

(3)实现 BIM 在线漫游、浏览，并支持 BIM 的多版本比对和管理。

(4)使用 BIM 进行施工模拟。

(5)施工场地规划和部署。

(6)基于 BIM 的钢筋下料。

(7)进行碰撞检测，实现多专业协同和管线综合。

(8)进行项目进度可视化管理。

(9)进行施工组织模拟，且操作人员可全过程随时调用 BIM 使用，共享项目的最新动态，进行实时协同。

(10)进行施工质量与进度监控和追溯。

(11)系统可以集中管理工程项目资料，形成项目的资料档案库。

图 8-6　BIM 导入和构件 BOM 清单导出

8.2.3　项目设计交底管理

(1)深化设计。利用 BIM 技术进行施工图深化设计，有效降低施工难度、加快施工进度、提高工程质量、降低工程成本。

(2)设计交底。通过制作虚拟施工样板，对工人进行可视化的技术交底，使施工人员能准确理解施工工艺流程、操作标准。面砖铺设深化设计，如图 8-7 所示。

图 8-7　面砖铺设深化设计

(3)碰撞综合协调。在施工开始前利用 BIM 的可视化特性对各个专业(建筑、结构、给水排水、机电、消防、电梯等)的设计进行空间协调，检查各个专业管道之间的碰撞及管道与结构的碰撞。通过及时调整，避免施工中管道发生碰撞和拆除重新安装等问题的出现，如图 8-8 所示。

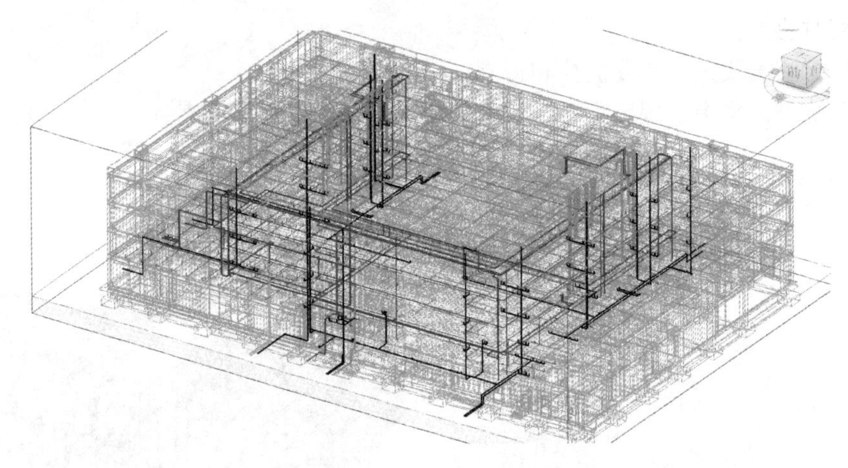

图 8-8　各专业碰撞检测示意

8.3　构件生产和运输管理的数字化

将 BIM 技术应用于构件制造，可进行订单信息管理、材料管理、生产计划编制、库存管理等，将预制构件研发、订单管理、生产协调、数据提取等环节结合起来，实现信息化管理，通过人机协作，实现预制构件的集约化生产，很大程度上提升了生产效率。同时，通过数字化与智能化手段，对工厂传统生产模式进行颠覆与升级，打造按需设计、按需制造、按需配送、动态调整的“项目－工厂”互联体系。

8.3.1　构件生产阶段

1. 构件生产与前端设计的交互

构件生产阶段连接着装配式建筑设计与施工，构件设计完成后进入工厂化生产，在构件生产之前，为了正确理解构件的设计，构件生产人员与设计人员需要进行交流。在实际生产过程中，传统的交底模式是基于 CAD 二维设计图纸，在交底时，设计人员难以全面向生产技术人员表达设计意图，造成构件生产完成后才发现错误。另外，装配式建筑预制构件繁多，考虑到一些特殊构件生产需要，需对其进行细节设计或更改，如果这些信息不能及时传达给设计人员，会导致延误生产或更多不可预见的困难。

通过 BIM 软件关联构件设计信息，实现设计信息到构件生产信息的传递和共享，避免大量烦琐数据信息的二次输入和信息失真，实现设计、生产、管理信息共享。模型与数据信息实时关联，设计模型一旦变更，与其关联的二维图纸信息、数据库信息自动做出相应更改，保证模型与数据、图纸等信息的一致性。

通过 BIM 技术与 RFID 技术相结合，获取预制构件的参数化信息，生产企业可以直接提取预制构件的几何尺寸、材料种类、数量、工艺要求等信息，根据构件生产中对原材料的需求情况，制订相应的原材料采购计划与构件生产计划，减少待工、待料造成的损失，如图 8-9 所示。

图 8-9 各专业碰撞检测示意

2. 构件生产与后端施工的交互

在构件制造阶段，项目管理系统针对工厂生产数据进行管理，并与生产线或各种生产设备直接进行对接，实现设计、生产、施工一体化，无须构件信息的重复录入，避免人为操作失误。通过编码为预制构件命名，对预制构件从生产、物流到安装过程协调部署和跟踪管理。利用 RFID 技术，根据深化设计图纸上构件的几何尺寸、材料种类、安装位置等信息录入系统，系统为每一块预制构件自动赋码，且该编码具有唯一性。预制构件厂在系统上安排生产时间，使用专用打印机批量打印构件标识和编码到 RFID 芯片上。在预制构件浇筑混凝土前埋入芯片卡使用手持扫描终端扫描卡片就可以执行混凝土浇筑确认，监理人员及施工人员可直接读取预制构件的相关信息，实现电子信息的自动对照，大幅减少监理数偏差、构件位置偏差、出库记录积累等问题的发生，能准确控制时间和成本节约，做到在构件生产的同时，向施工单位、监理单位反馈构件生产的进度信息。基于 BIM 技术和 RFID 技术的构件生产管理示意如图 8-10 所示。

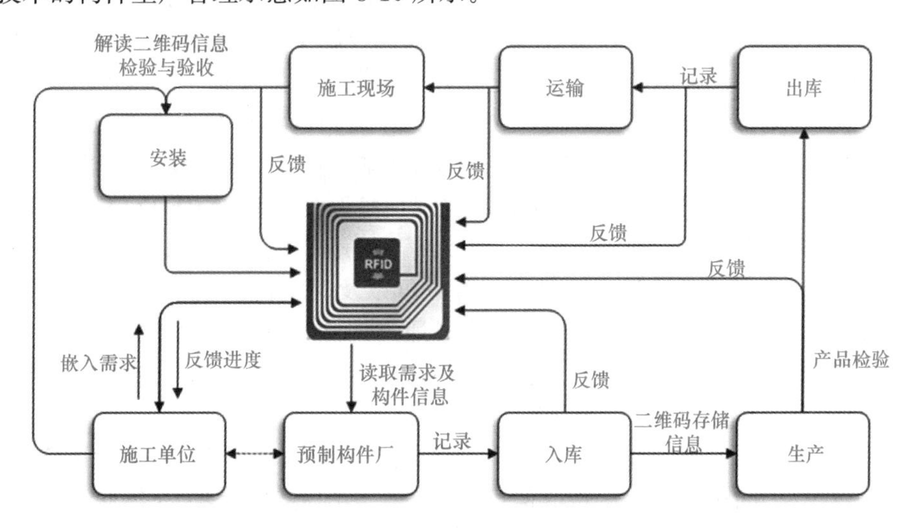

图 8-10 基于 BIM 技术和 RFID 技术的构件生产管理示意

构件脱模、质检、入库、发货、卸车、安装时，需运用扫描终端，对此前环节的操作时间、人员进行查看。在明确执行环节后，服务器将接收到相应的确认信息，信息系统实时反映项目所有预制构件的生产、运输、安装信息，实现项目的总体把控。在预制构件的现场验收过程中，采用 3D 激光扫描技术，获得真实的构件尺寸。完成扫描后，将扫描后的 3D 模型导入 BIM 软件中进行智能化分析，检查其制作质量并进行模拟预拼装，及时发现可能存在的问题，做到全面和精确的智能化验收，如图 8-11 所示。

图 8-11　基于 RFID 技术的全过程数据采集示意

8.3.2　构件运输阶段

在预制构件运输到施工现场的过程中，需要考虑两个方面的问题，即时间与空间。首先，考虑到工程的实际情况及运输路线中的实际路况，部分预制构件可能受当地相关规定的限制，无法及时运往施工现场。因此，应根据现场的施工进度与对构件的需求情况，提前规划运输时间及路径。由于部分预制构件尺寸较大或属于异形构件，如果运输过程中发生意外导致构件损坏，会影响施工进度，造成较大损失。要提前根据构件尺寸类型安排运输卡车，利用可视化技术编制和模拟构件装车方案，规划运输车次与路线，做好周密的计划安排，把握好构件进场时间，构件在施工现场既不能积压，也不能耽误工期。

通过 BIM 技术与构件管理系统的结合，实现信息互通。利用 RFID 技术、GIS 技术、GPS 技术实现预制构件出厂、运输、进场和安装信息的采集与跟踪，通过基于云平台与互联网的 BIM，进行实时信息传递。项目参与各方可以及时掌握预制构件的物流进度信息，同时，将信息反馈给构件管理系统，使管理人员通过构件管理系统的信息能够及时了解进度与构件库存情况。为尽量避免实际装载过程中出现的问题或突发情况发生，可利用 BIM 技术模拟功能对预制构件的装载运输进行预演。

将 RFID 技术与 BIM 技术结合，使 BIM 与编有二维码或预埋 RFID 芯片的实际预制构件一一对应。把移动的车辆纳入运转的信息链，对车辆的运输路线、车辆状况、行驶数据进行集中、科学、合理、高效的管理，大大提高运输车辆的运输效率。利用 BIM 技术模拟预制构件的实际尺寸，优化预制构件装车堆放，避免预制构件在运输过程中因碰撞而产生的质量伤害，同时提高运输车的空间利用率。

8.4 施工平面布置的数字化

8.4.1 构件存储管理

在装配式建筑施工过程中，预制构件进场后的储存是一个关键问题，与塔式起重机选型、运输车辆路线规划、构件堆放场地等因素有关，同时，需要考虑施工过程中的风险，提前预防一些可能出现的突发问题。施工现场的面积往往不会太大，因此，施工现场预制构件堆放存量不能过多，需要实时规划、协调、控制好构件进场的规格、部位、数量和时间。在储存预制构件并对此进行管理时，如果不使用信息系统，无论是分类对此进行堆放，还是出入库方面的统计，均需耗费大量的时间和人力，而且难以避免差错的发生。

项目管理系统将 BIM 技术与 RFID 技术相结合，在预制构件的生产阶段，植入 RFID 芯片，物流配送、仓储管理等相关人员只需读取芯片，系统进行智能实时规划，物流配送、仓储管理等相关人员即可直接验收，避免了构件堆放位置不明、数量偏差等问题，有效地节约了成本和时间。在预制构件的吊装、拼接过程中，通过 RFID 芯片的运用，技术人员可直接对综合信息进行获取，并在对安装设备位置等信息进行复查后，再加以拼接、吊装，由此使得安装预制构件的效率、对吊装过程的管控能力得以提升，如图 8-12 所示。

图 8-12　预制构件现场安装示意

8.4.2 施工场地布置

施工平面布置图设计时，可采用三维场地部署软件布置，使平面布置达到立体、美观的效果，并避免因场地狭小、基坑开挖深度较大、基坑维护的方案选择不当而影响基坑安全、整体工期和工程造价。不合理的施工场地布置会严重影响后期的吊装过程，通过 BIM 技术模拟施工现场布置，合理布局施工现场总平面，做到现场材料堆放位置合理，现场施工用水、用电布置便利，现场排水、排污畅通，施工道路便利、畅通，垂直运输经济合理，如图 8-13、图 8-14 所示。

图 8-13　基于 BIM 技术的施工场地布置示意

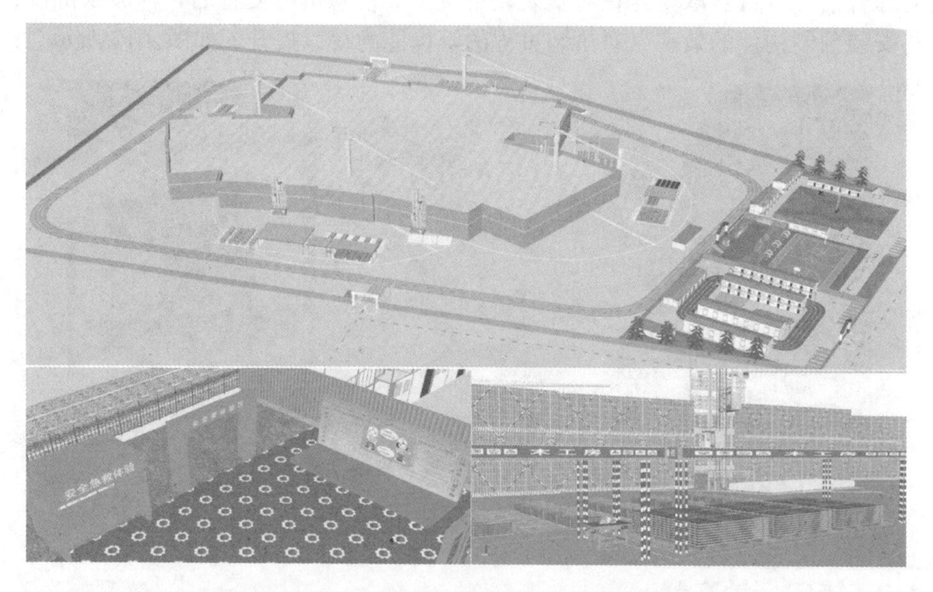

图 8-14　基于 BIM 技术的施工场地布置详图示意

1. 塔式起重机布置方案制定

在装配式建筑施工过程中，塔式起重机作为关键施工机械，其工作效率对建筑整体施工效率有较大的影响。部分项目因布置塔式起重机欠缺合理性，常发生二次倒运构件现象，增加了成本和时间，对施工进度造成极大影响。因此，塔式起重机型号、装设位置选定的合理性至关重要。首先，需对其吊臂是否满足构件卸车、装车等加以明确，进而明确选定的型号；其次，根据设备作业及覆盖面的需求、和输电线之间的安全距离等，依据塔式起重机尺寸、设施等，对现场布设塔式起重机的位置加以明确；最后，针对塔式起重机布设的多个方案，进行 BIM 模拟、对比、分析，选择出最优方案。

2. 构件堆场优化

按照构件的吊装计划和装配顺序，结合 BIM 中确定的构件位置信息，针对项目现场的构件堆场进行优化，明确不同构件的堆放区域、堆放位置和堆放顺序，避免二次搬运。在构件或材料存放时，做到构配件点对点堆放。建立三维的现场场地平面布置，并以现场堆放区与吊装操作仿真模拟构件堆场与吊装，灵活、动态、合理利用现场堆场空间，实现构件堆场布置的合理、高效和优化。

3. 预制构件运输道路规划

预制构件从工厂运输至施工现场后，应考虑施工现场内运输路线，是否满足卸车、吊装需求，是否影响其他作业。应用 BIM 技术可模拟施工现场，进行施工平面布置，合理选择预制构件仓库位置与塔式起重机的布置方案，同时，合理规划运输车辆的进、出场路线。

8.5 施工进度管理的数字化

在装配式建筑的进度管理中引入 BIM 技术，结合 BIM 技术的仿真性、协调性和信息完备性等众多优势，改变装配式建筑中进度管理的方法，创新基于 BIM 技术的装配式建筑进度管理方法，提高进度管理的效率。基于 BIM 技术的装配式建筑进度管理是在设计单位交付的施工模型的基础上，开展进度计划编制、进度计划模拟、跟踪记录实际进度、进度计划调整等工作，可利用系统自动进行关键线路的识别、计划进度与实际进度的对比、进度计划延期自动预警等。

8.5.1 编制施工进度计划

在制订装配式建筑工程项目进度计划时，应考虑各个关键施工节点，与传统现浇项目不同，装配式建筑主体结构施工时需要编制构件安装计划，分为单位工程构件安装计划和楼层构件安装计划，并将计划与构件生产计划进行对接，以保证构件的生产进度满足现场的组装要求。装配式建筑的施工进度计划编制需要考虑合同进度要求、设计图纸、工序间的逻辑关系、资源等众多因素，以保证进度计划的科学性和合理性。

在装配式建筑施工过程中，预制构件吊装的顺序是重要一环。一般情况下，这些工作由人工完成，但是人工容易出现误差，整个吊装过程的计划难以保证准确无误。BIM 技术的应用为项目工程施工进度计划的制订减少了工作量，增加了准确性，使吊装过程高效、迅速地完成。

利用按照二维图纸建好的 BIM 三维模型，通过 BIM 软件整理好所有的信息并加以计算就可以准确地整理出每一段工程所需要的成本，根据国家出台的关于建筑施工方面文件的标准，来确定施工的具体方案，也可以很容易地计算出施工的人数、工具等一些细致的工程相关数据，最后将所有的信息归总之后再模拟出 4D 的画面，这样便能够更加清晰地展现施工的进度，从而完善地整理出进度计划，如图 8-15 所示。

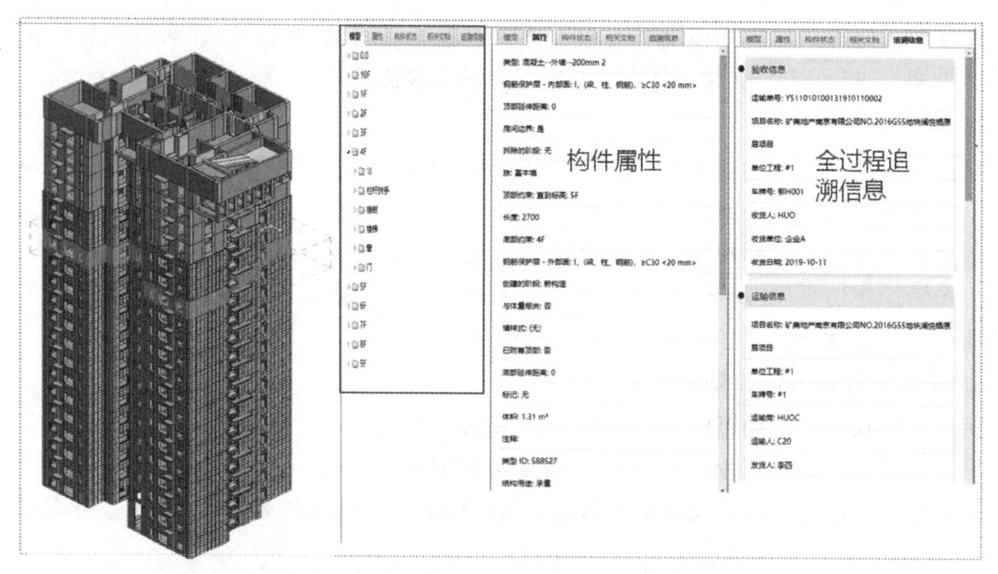

图 8-15　基于 BIM 技术的生产管理和施工管理进度的协同示意

8.5.2　施工进度计划实施

随着项目建设的进一步展开，模拟完成物理工程和即将到来的施工过程，及时发现潜在的问题，动态优化计划，确保工序得以有序开展。在施工过程中，项目部各部门可以在 BIM 的基础上进行沟通与讨论，将运用 BIM 软件的过程作为对进度计划过程控制的依据，以 BIM 为核心推进各参与主体的协同推进，促进各参与单位及其人员有整体全局意识，计算好工程的每一步目标、计划，做到时间分配合理和物尽其用。管理人员要将重要节点与进度计划对比，尽量避免工期延误的情况发生，如图 8-16 所示。

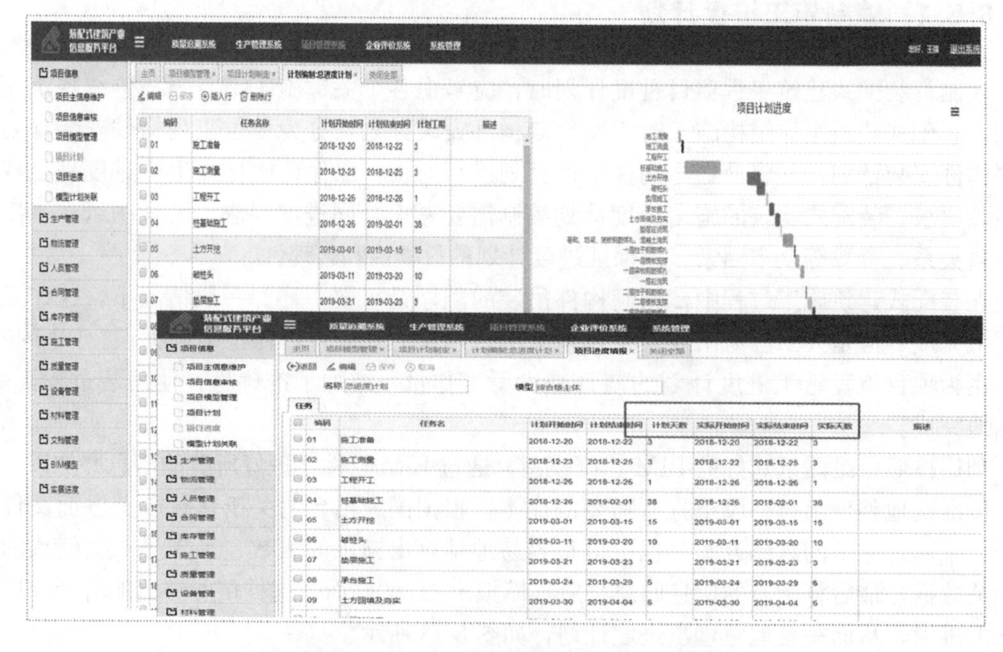

图 8-16　基于 BIM 技术的施工计划进度和实际进度对比

8.5.3 调整施工进度计划

项目管理系统支持基于 BIM 技术的施工进度动态监测和调整，可运用 BIM 作为决策依据。在推进施工的同时，难免出现一些不可预见的突发状况，导致施工进度计划打乱，此时便可依据 BIM 立即调整施工进度计划，避免因更改不及时造成施工进度计划无法顺利推进，进而造成更大的错误和损失。另外，在项目的实施过程中，基于 BIM 和构件施工装配计划对装配式建筑施工进度可实现精确计划、跟踪和控制，动态规划分配各种施工资源和场地，结合构件的生产管理和物联网监测，实时跟踪工程项目的实际进度，并通过计划进度与实际进度进行比较，及时分析偏差对工期的影响程度及产生的原因，采取有效措施，实现对项目进度的精确控制，确保项目按时竣工，如图 8-17 所示。

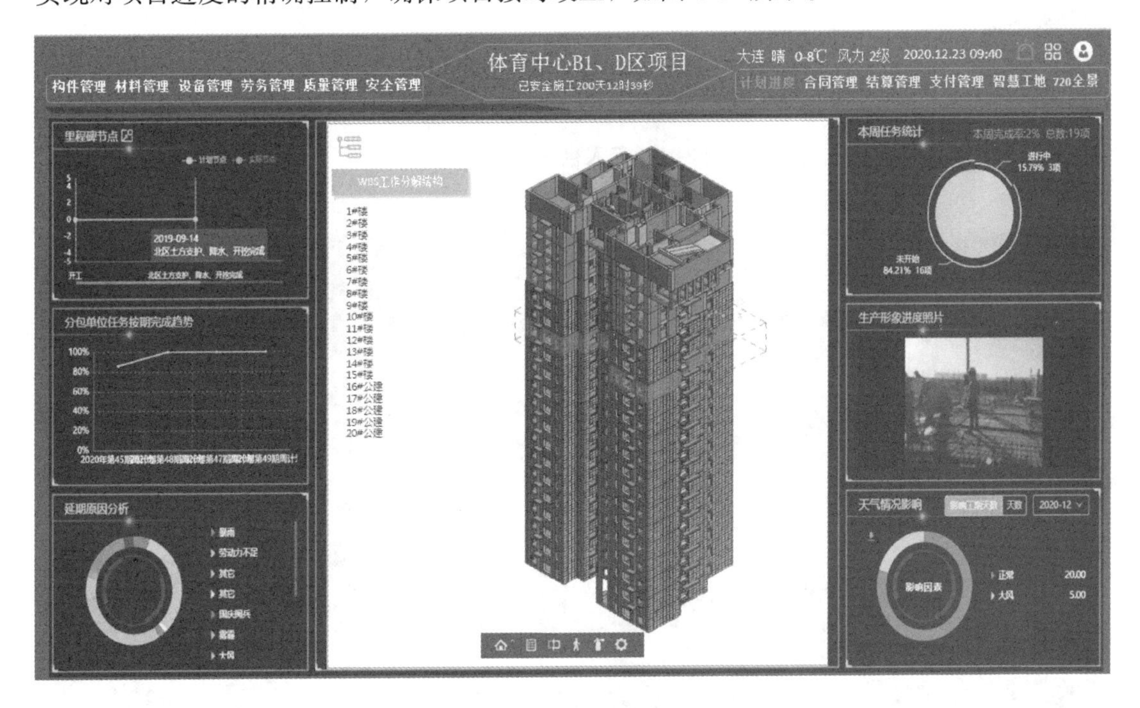

图 8-17 基于 BIM 技术的施工进度计划分析示意

8.5.4 无人机自动巡检与建模

项目管理系统内置无人机综合云端管理技术，远程获取无人机实时视频与位置，直播现场情况。根据项目施工进度和不同作业需求，对无人机飞行高度、图像精度等参数灵活调整，设置无人机飞行周期与飞行范围，自动记录飞行数据，回放飞行轨迹，统计飞行时间，通过无人机预设飞行航线完成全自动巡航，提高现场形象进度总览图像采集的效率，降低人工成本和风险，实现对现场施工情况的图像和影像记录，实时反映项目情况，根据航拍图像建立实景模型，还原项目建造现场，辅助项目管理(图 8-18、图 8-19)。

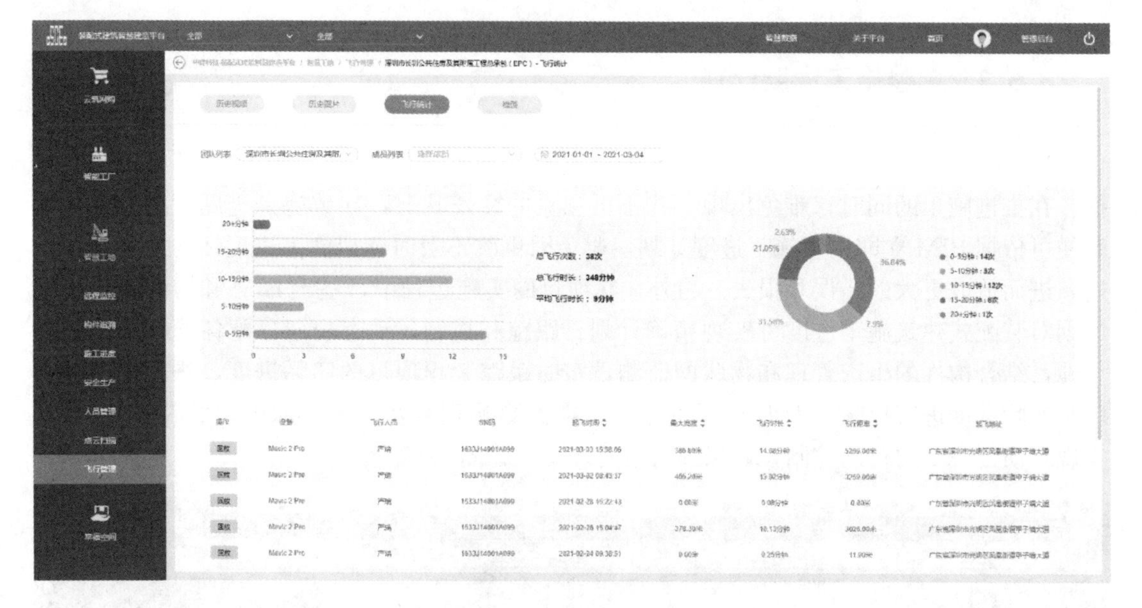

图 8-18　无人机飞行数据统计

图 8-19　无人机航拍与建模

8.5.5　施工进度管理可视化

项目管理系统支持在线编制施工计划、项目计划和实际进度，自动生成对比甘特图，对施工进度延期进行预警提示。项目计划与 BIM 相关联，对计划进行可视化模拟，以检查计划的合理性，如图 8-20 所示。通过 BIM 不同的颜色，清晰、直观地展示项目实际进度，单击 BIM 上的不同构件，可以查看构件的属性、生产状态或安装状态、工艺图纸、质量追溯等。

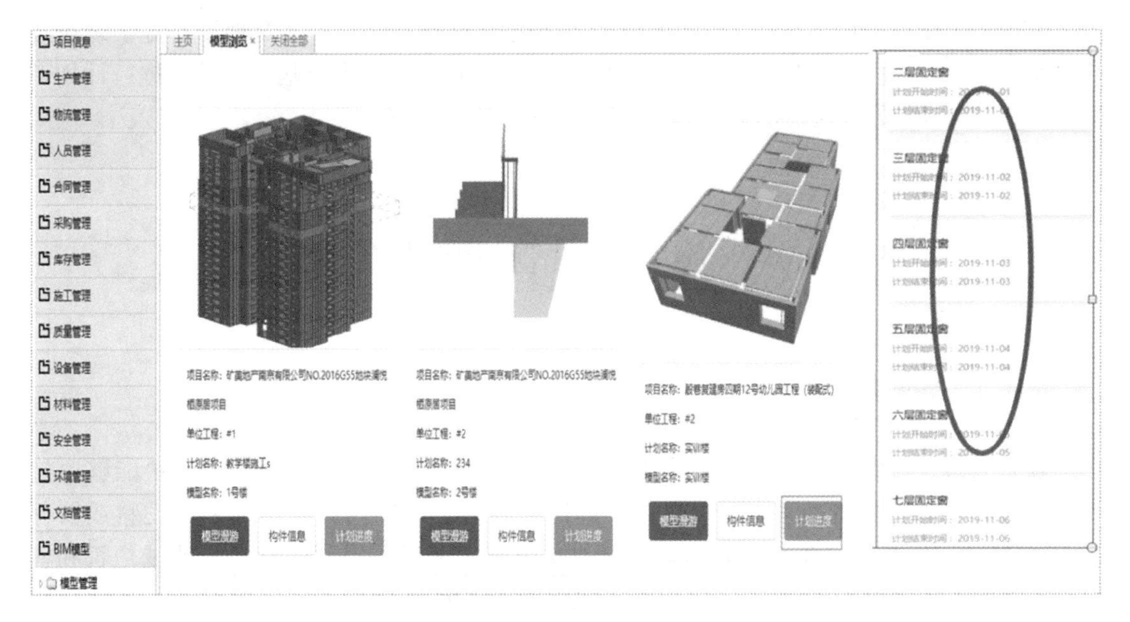

图 8-20　采用 BIM 技术对项目计划进行模拟

施工管理包括构件安装信息、装配过程、现浇信息、施工日志及施工调度等功能，如图 8-21 所示。在安装过程中通过移动端扫二维码或 RFID，实时采集施工过程中的吊装、装配、现浇部分的施工操作记录等，形成完整的施工日志，为施工过程所有参与人员的考核、日常业务管理提供数据支撑，同时，实现了项目全过程的质量追溯信息。

图 8-21　施工管理信息输入界面

利用施工模拟过程指导现场构件吊装，在整个施工模拟过程中清楚地了解施工现场工作面是否足够，工序交叉搭接是否合理，同时与实际进度的对比为基础，及时进行计划调整工作，有效降低发生进度滞后等问题。

8.6 施工质量管理的数字化

8.6.1 物料质量管理

项目管理系统设置存储施工所需大量物料及器械相关信息的模块，该模块能够通过网络传递信息，项目管理人员可通过多媒体网络在第一时间内找到所需要的物料或器件信息。基于 BIM 技术，项目管理者可快速对比出施工现场所用到的材料或器械是否和模块中的标准信息一致，以便管理者能够在短时间内发现不合格产品，保证施工正常合规进行。

在传统现浇现场施工中，由于操作不规范等常常引起露筋、爆模等问题，而装配式建筑所用的预制构件是在工厂加工生产，且预制构件的养护条件好，构件质量得到较好的保障。BIM 技术有助于实现数字化、智能化制造，可有效减少人力投入，降低人工操作可能带来的失误，进一步保障构件质量。

利用 BIM 技术与 RFID 技术相结合，当预制构件在生产、运输、储存、吊装等过程中发生意外导致构件无法正常使用时，厂家可第一时间根据该构件上 RFID 芯片的信息寻找最适合的标准化构件或重新生产，防止因构件质量导致施工进度延期的情况发生，如图 8-22 所示。

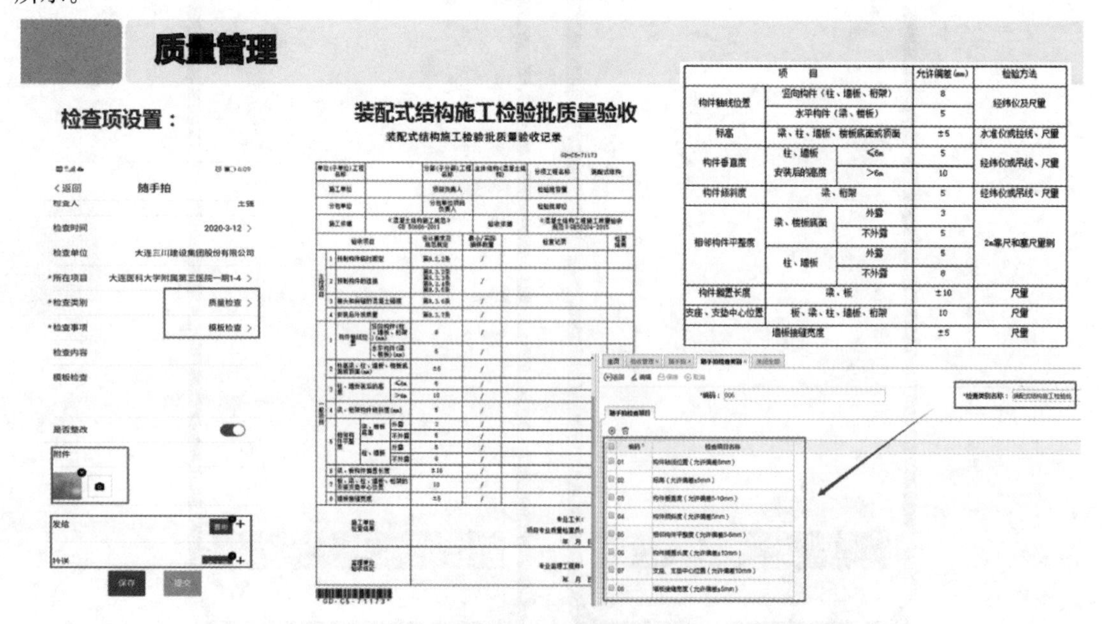

项目			允许偏差(mm)	检验方法
构件轴线位置	竖向构件（柱、墙板、桁架）		8	经纬仪及尺量
	水平构件（梁、楼板）		5	
标高	梁、柱、墙板、楼板底面或顶面		±5	水准仪或拉线、尺量
构件垂直度	柱、墙板安装后的高度	≤6m	5	经纬仪或吊线、尺量
		>6m	10	
构件倾斜度	梁、桁架		5	经纬仪或吊线、尺量
相邻构件平整度	梁、楼板底面	外露	3	2m靠尺和塞尺量测
		不外露	5	
	柱、墙板	外露	5	
		不外露	8	
构件搁置长度	梁、板		±10	尺量
支座、支垫中心位置	板、梁、柱、墙板、桁架		10	尺量
墙板接缝宽度			±5	尺量

图 8-22 基于装配式结构施工验收标准的构件质量控制示意

8.6.2 技术质量管理

项目管理系统内置施工技术质量管理模块，技术质量管理模块包括施工多方案对比分析、基于三维点云扫描技术的质量检测、基于 BIM 4D 的技术协同及动态监测等。通过先进的技术手段实现工艺流程的标准化和有序化，可有效促进和提升整个项目的质量水平。

1. 施工多方案对比分析

在 BIM 模型上对施工计划和施工方案进行分析模拟，充分利用空间和资源整合，消除冲突，得到最优施工计划和方案。特别是对于新形式、新结构、新工艺和复杂节点，可以充分利用 BIM 的参数化和可视化特性对节点进行施工流程、结构拆解、配套工器具等多角度分析模拟，改进施工方案实现可施工性，以达到降低成本、缩短工期、减少错误和浪费的目的，如图 8-23 所示。

图 8-23　BIM 多方案分析示意

2. 基于三维点云扫描技术的质量检测

通过将点云扫描技术与智能巡检载具相配合，利用三维点云扫描技术具有高精度和高效率的特点及优势，对复杂的工地环境进行全方位扫描，生成点云模型，将其上传至云端，与原有的 BIM 轻量化模型进行比对，生成施工偏差对比报告，为建筑施工质量报告提供数据依据(图 8-24)。

3. 基于 BIM 4D 的技术协同及动态监测

面对各种材料、技术及工艺等，只有保证施工顺序的合理有效、施工用料的合理性，才能够对质量起到良性影响。BIM 技术能够将施工技术流程以电子的方式模拟出来，通过专业工作人员在工艺流程上建立规范标准，按照流程有序进行，以保证在施工时不会出现信息上的传递失误。

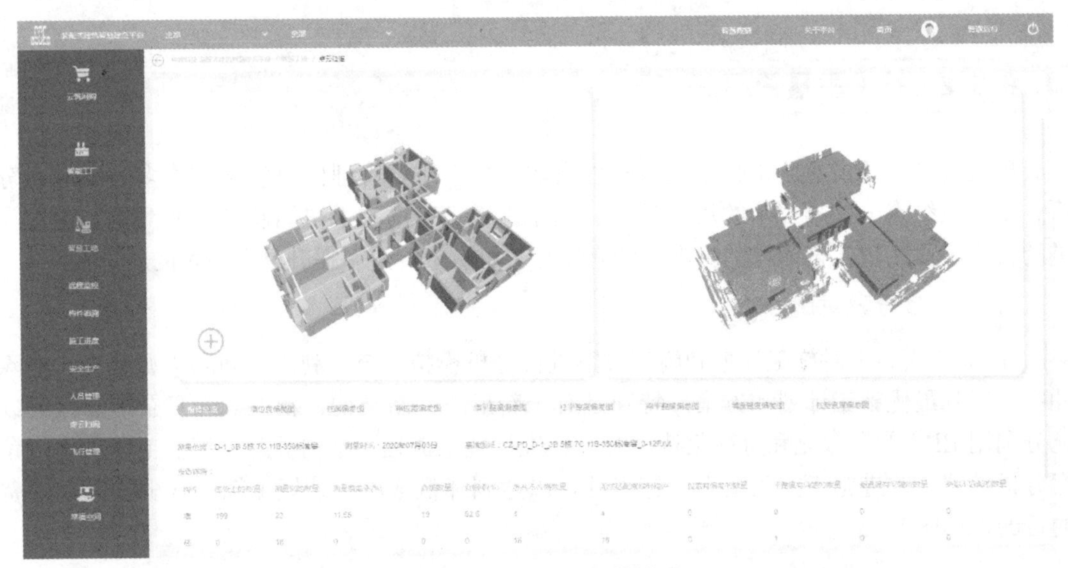

图 8-24　三维点云扫描模型

技术质量管理是项目管理的关键，装配式建筑对此提出了更为严格的要求。安装过程中的失误、偏差均会对建筑质量产生不良影响。运用 BIM 技术，施工单位可模拟分析施工计划、关联时间及 3D 模型，构建 4D 施工模型，对各个施工阶段相应的建筑外观予以显示，并对应于实际施工外观。运用可视化对施工进程进行模拟，对施工质量进行实时跟踪。施工操作人员对构件类型、尺寸等信息予以直观了解，有效避免安装错误的发生，使工作效率、安装质量提升。另外，通过移动设备如平板电脑、手机等结合 RFID、云端技术，指导人员可异地指导施工状况，使得现场人员能够顺利定位构件，并对此加以吊装，也能够实时对构件参数属性、完成质量指示等信息进行查询，并向项目数据库上传竣工数据，即可追溯查询有关施工质量的记录，如图 8-25 所示。

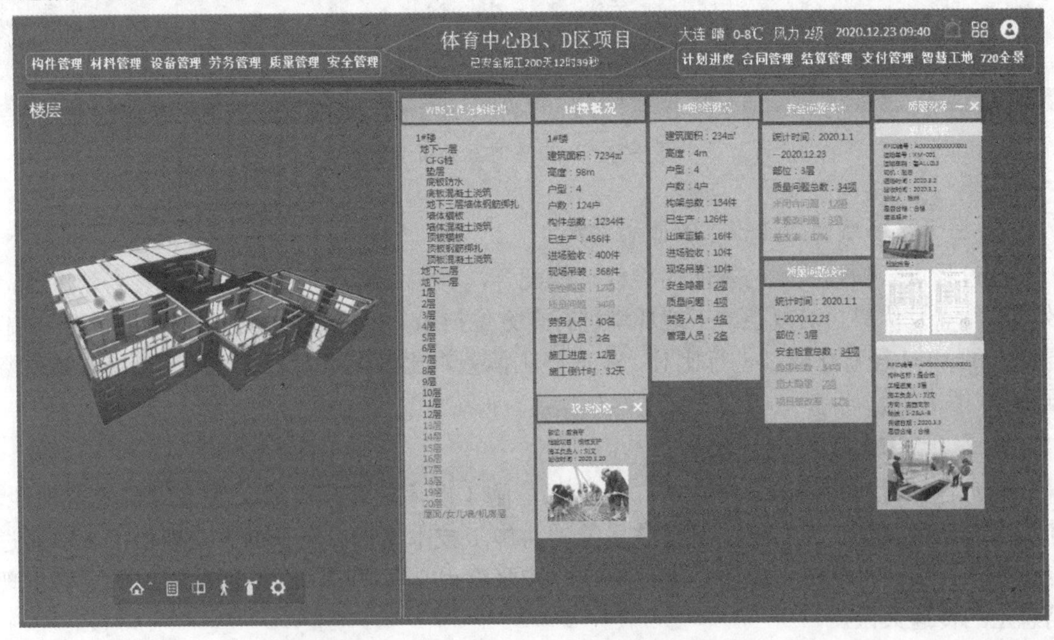

图 8-25　基于 BIM 技术的质量问题反馈示意

8.6.3 质量过程管理

质量管理包含施工质量检查记录、质量整改及实验室检验等功能，如图 8-26 所示。其中，质量整改记录采用随手拍功能实现，通过推式工作流（自由指定接收人），做到适应企业现有管理流程的同时，实现质量的闭环管理。

图 8-26 质量管理功能模块界面

8.7 施工安全管理的数字化

将 BIM 技术运用于施工安全管理方面，可将组织决策依据、施工方案内置于安全管理模块，并可在施工的同时对整体施工进程进行监控，结合 BIM 技术模拟识别和预防安全隐患。通过施工的每个过程可以在模拟中呈现出来，通过模型，技术人员不仅可对施工现场外形特征有直观认识，也可提前检验施工方案。在模拟过程中，还可针对险情突施应急方案。安全管理模块包含危险源识别、设备运行安全监控、安全教育识别及安全检查与整改等。

8.7.1 危险源识别

危险源识别与监测需借助射频识别技术的信息采集功能，对于危险源的管理过程而言，利用射频识别技术能够对作业人员、施工场所的材料与机械设施等实施定位，同时获取施工现场人、材、机的属性等基本信息。RFID 能够做到对危险源的追踪与监测，并结合 BIM，快速确定危险源信息。

建筑施工过程中蕴含着多种类别的危险源且错综复杂，结合 BIM 技术和大量风险知识梳理，系统能够实现对危险源的自动辨识，在危险源被辨识后，系统能够依据危险性和危害性，来确定此危险源的等级，并及时地进行调控和整改，最大限度地避免施工事故的出现，如图 8-27 所示。

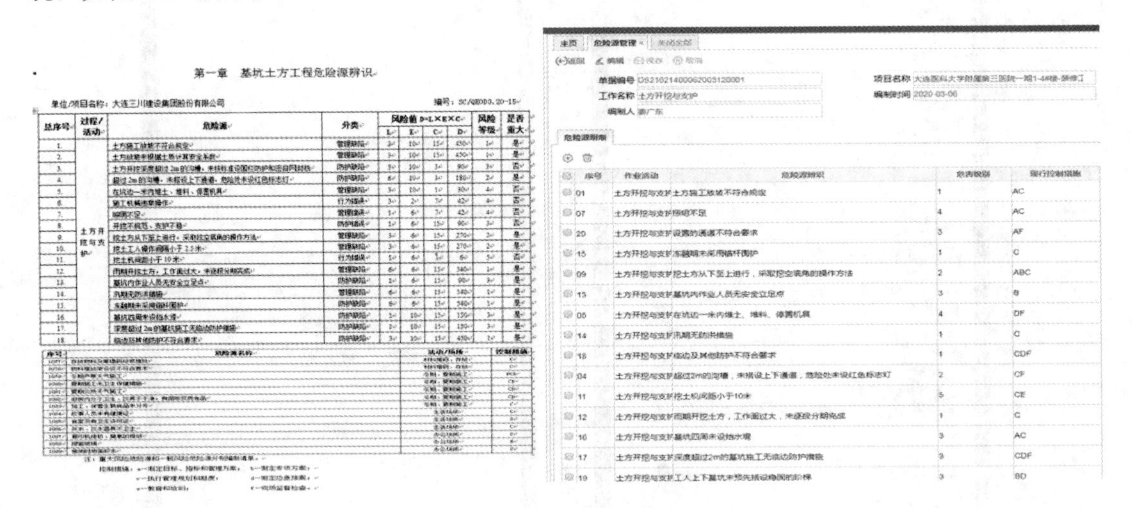

第一章　基坑土方工程危险源辨识

单位/项目名称：大连三川建设集团股份有限公司

总序号	过程/活动	危险源	分类	风险值 D=L×E×C				风险等级	是否重大
				L	E	C	D		
1.	土方开挖与支护	土方施工放坡不符合规定	管理缺陷	3	10	15	450	1	是
2.		土方放坡未根据土质计算安全系数	管理缺陷	3	10	15	450	1	是
3.		土方开挖深度超过 2m 的沟槽，未按标准设围栏防护和密目网封挡	防护缺陷	3	10	3	90	3	否
4.		超过 2m 的沟槽，未搭设上下通道，危险处未设红色标志灯	防护缺陷	6	10	3	180	2	是
5.		在坑边一米内堆土、堆料、停置机具	管理缺陷	3	10	1	30	4	否
6.		施工机械违章操作	行为错误	3	2	7	42	4	否
7.		照明不足	管理错误	1	6	7	42	4	否
8.		开挖不规范、支护不稳	防护错误	1	6	15	90	3	否
9.		挖土方从下至上进行，采取挖空底角的操作方法	管理缺陷	3	6	15	270	2	是
10.		挖土工人操作间隔小于 2.5 米	管理缺陷	3	6	15	270	2	是
11.		挖土机间距小于 10 米	行为错误	1	6	1	6	5	否
12.		雨期开挖土方，工作面过大，未逐段分期完成	管理缺陷	6	6	15	540	1	是
13.		基坑内作业人员无安全立足点	防护缺陷	1	6	15	90	3	是
14.		汛期无防洪措施	管理缺陷	6	6	15	540	1	是
15.		冻融期未采用锚杆围护	防护缺陷	6	6	15	540	1	是
16.		基坑四周未设挡水埂	防护缺陷	1	10	15	150	3	是
17.		深度超过 2m 的基坑施工无临边防护措施	防护缺陷	1	10	15	150	3	是
18.		临边及其他防护不符合要求	防护缺陷	3	10	15	450	1	是

主页　危险源管理　关闭全部

返回　编辑　保存　取消

单据编号 DS21021400062003120001　项目名称 大连医科大学附属第三医院一期1-4#楼-装修工

工作名称 土方开挖与支护　编制时间 2020-03-06

危险源明细

序号	作业活动	危险源辨识	危害级别	现行控制措施
01	土方开挖与支护	土方施工放坡不符合规定	1	AC
07	土方开挖与支护	照明不足	4	AC
20	土方开挖与支护	设置的通道不符合要求	3	AF
15	土方开挖与支护	冻融期未采用锚杆围护	1	C
09	土方开挖与支护	挖土方从下至上进行，采取挖空底角的操作方法	2	ABC
13	土方开挖与支护	基坑内作业人员无安全立足点	3	B
05	土方开挖与支护	在坑边一米内堆土、堆料、停置机具	4	DF
14	土方开挖与支护	汛期无防洪措施	1	C
18	土方开挖与支护	临边及其他防护不符合要求	1	CDF
04	土方开挖与支护	超过2m的沟槽，未搭设上下通道，危险处未设红色标志灯	2	CF
11	土方开挖与支护	挖土机间距小于10米	5	CE
12	土方开挖与支护	雨期开挖土方，工作面过大，未逐段分期完成	1	C
16	土方开挖与支护	基坑四周未设挡水埂	3	AC
17	土方开挖与支护	深度超过2m的基坑施工无临边防护措施	3	CDF
19	土方开挖与支护	工人上下基坑未预先搭设稳固的阶梯	3	BD

图 8-27　危险源管理界面

8.7.2 安全教育培训

建筑安全生产事故的发生大部分与人员因素有关，90%以上的安全事故都是由于从业人员安全意识淡薄、安全知识不足、违章指挥作业等因素导致的。加强安全教育培训有利于增加从业人员的安全知识、提高安全意识、培养安全习惯等，对于减少安全事故具有不可或缺的作用。传统的安全教育培训内容主要是三级安全教育，安全教育方式多为说教、书面形式，由于时间、空间和成本的限制，很难进行实际操作的培训指导，从业人员多为应付考试合格而死记硬背，难以有效吸收并加以运用，安全教育培训的效果参差不齐。

项目管理系统内置基于 BIM 技术和 VR 技术的施工安全教育培训方式，是以 BIM 安全信息模型为数据基础，采用 VR 技术建立逼真的三维施工场景，对施工过程进行"真实"再现，弥补传统的安全教育形式无法体验实训或体验不到位的缺陷，同时，新型技术设备将安全教育培训从"说教式"改为"体验式"，加深从业人员对安全事故的感知认识，满足安全教育培训的感知需求。

基于 BIM+VR 的安全教育培训以安全数据建立的 BIM 为基础，遵循装配式混凝土建筑工程施工的标准和要求，采用 VR 技术构建虚拟逼真的施工场景，让受训者产生沉浸式体验，通过视觉、听觉和触觉感知安全隐患的存在，不受时间和空间的限制，允许多个受训者随时随地反复体验，激发作业人员参与安全教育培训的兴趣，弥补传统安全教育方式无法实操或实操成本过高的缺点，避免人工、材料的浪费，改善安全教育培训的效果，真正发挥安全教育培训工作的作用，如图 8-28 所示。

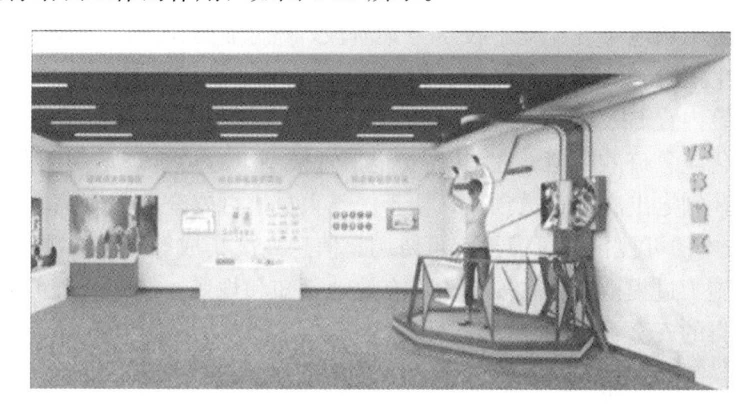

图 8-28　基于 BIM＋VR 的安全教育培训场景

8.7.3　安全监测和预警

项目管理系统将装配式建筑施工过程进行分段，对每个阶段分别进行不安全因素识别，从而实现安全管理的动态控制。BIM 能够真实反映建筑物的空间位置及内部信息，项目管理系统利用 BIM 结合施工进度计划进行施工模拟，可以在这个过程详细了解每个施工阶段的施工情况，通过在虚拟施工的环境中查看施工过程，解决传统安全管理中存在的安全技术交底不清等导致的安全隐患，并识别不安全因素，以便更好地进行安全监测和预警。

施工过程模拟和装配式混凝土建筑内部漫游，可用于可视化安全监测和预警。如塔式起重机安全管理，可应用 BIM 解决塔式起重机空间碰撞冲突。又如临边洞口的防护，可应用 BIM 并采取措施进行防坠落安全管理，如图 8-29 所示。

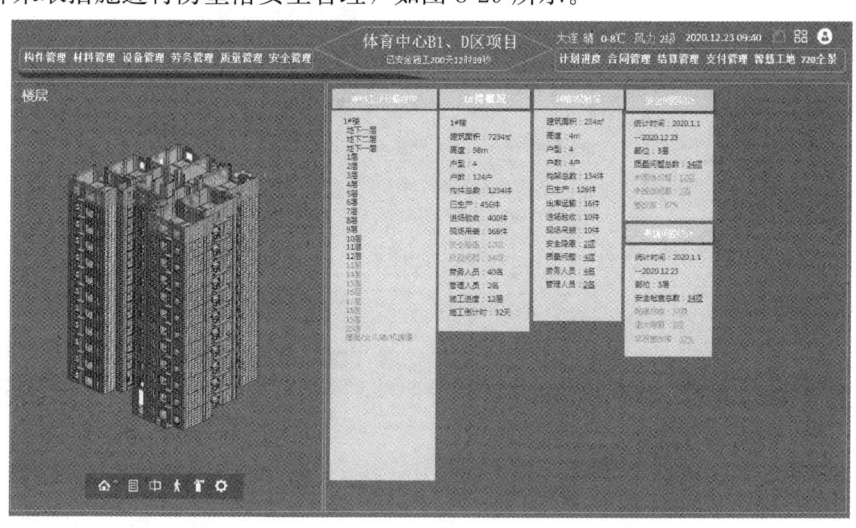

图 8-29　基于 BIM 技术的安全检查整改分析示意

8.7.4 安全应急疏散

装配式混凝土建筑的施工现场发生火灾、基坑坍塌或自然灾害等严重事故时，要想使现场施工人员能够快速疏散与逃生，不仅要在进场前对施工人员进行安全教育与疏散逃生培训，还需要在施工场地布置、施工技术方案阶段，确保施工现场具备安全疏散逃生的条件，避免现场发生危险时出现人员踩踏、拥堵等情况。

项目管理系统内置 BIM 安全信息模型，在虚拟场景中真实、完整地表达建筑及环境，进行建筑的可视化应急疏散模拟。在 BIM 安全信息模型上，可合理运用应急疏散通道，并综合多方面因素，制定出应急疏散预案，便于施工人员进行安全应急演练。

结合 BIM 技术的可视化、可模拟、可协调、信息高度集成等特点，项目参与者可以在施工前进行三维施工过程模拟，将安全隐患有效地预知和规避，制定合理的安全防范措施，达到有效提高项目的安全管控的目的。

8.8 施工材料管理的数字化

项目管理系统内置材料管理模块，主要有材料计划管理、采购合同订单管理、材料进场及库存管理等功能，涵盖材料总量计划、材料需求计划、采购计划、采购合同、采购订单、材料质检、材料库存管理、材料领用、材料盘点、材料退库、材料结算及材料付款等。

8.8.1 材料计划管理

材料需求计划包含材料的预算、需用计划、采购计划。项目管理系统会自动根据采购计划、库存量生成采购订单，如图 8-30 所示，采购人员可按照实际需要调整实际采购量。

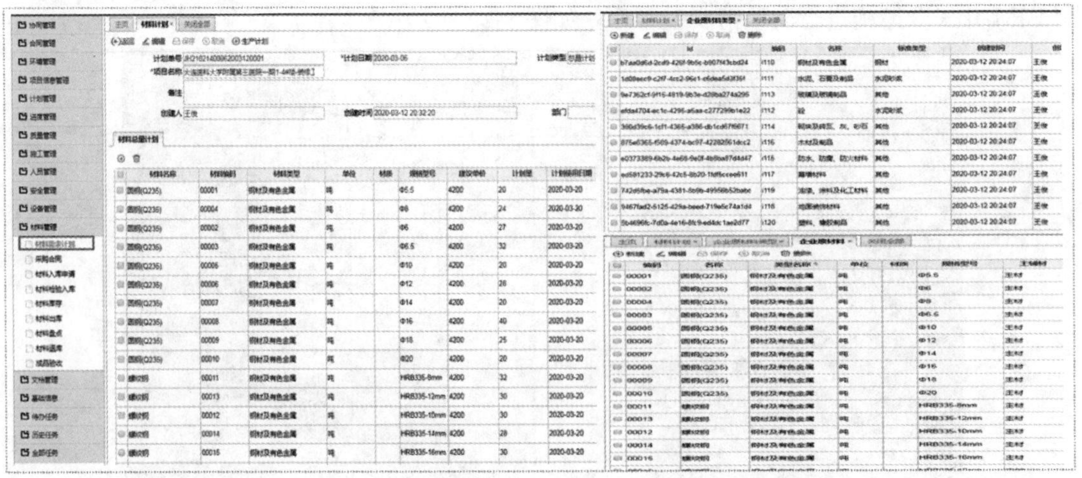

计划单号 JH21621400062003120001　*计划日期 2020-03-06
创建人 王俊　创建时间 2020-03-12 20:32:20

材料名称	材料编码	材料类型	单位	材质	规格型号	建设单价	计划量	计划使用日期
圆钢(Q235)	00001	钢材及有色金属	吨		Φ6.5	4200	20	2020-03-20
圆钢(Q235)	00004	钢材及有色金属	吨		Φ8	4200	24	2020-03-20
圆钢(Q235)	00002	钢材及有色金属	吨		Φ6	4200	27	2020-03-20
圆钢(Q235)	00003	钢材及有色金属	吨		Φ6.5	4200	32	2020-03-20
圆钢(Q235)	00005	钢材及有色金属	吨		Φ10	4200	20	2020-03-20
圆钢(Q235)	00006	钢材及有色金属	吨		Φ12	4200	28	2020-03-20
圆钢(Q235)	00007	钢材及有色金属	吨		Φ14	4200	20	2020-03-20
圆钢(Q235)	00008	钢材及有色金属	吨		Φ16	4200	40	2020-03-20
圆钢(Q235)	00009	钢材及有色金属	吨		Φ18	4200	25	2020-03-20
圆钢(Q235)	00010	钢材及有色金属	吨		Φ20	4200	20	2020-03-20
螺纹钢	00011	钢材及有色金属	吨		HRB335-8mm	4200	32	2020-03-20
螺纹钢	00013	钢材及有色金属	吨		HRB335-12mm	4200	30	2020-03-20
螺纹钢	00012	钢材及有色金属	吨		HRB335-10mm	4200	30	2020-03-20
螺纹钢	00014	钢材及有色金属	吨		HRB335-14mm	4200	28	2020-03-20
螺纹钢	00015	钢材及有色金属	吨		HRB335-16mm	4200	30	2020-03-20

编码	名称	单位	材质	规格型号
00001	圆钢(Q235)	吨		Φ6.5
00002	圆钢(Q235)	吨		Φ6
00004	圆钢(Q235)	吨		Φ8
00003	圆钢(Q235)	吨		Φ6.5
00005	圆钢(Q235)	吨		Φ10
00006	圆钢(Q235)	吨		Φ12
00007	圆钢(Q235)	吨		Φ14
00008	圆钢(Q235)	吨		Φ16
00009	圆钢(Q235)	吨		Φ18
00010	圆钢(Q235)	吨		Φ20
00011	螺纹钢	吨		HRB335-8mm
00013	螺纹钢	吨		HRB335-12mm
00012	螺纹钢	吨		HRB335-10mm
00014	螺纹钢	吨		HRB335-14mm
00016	螺纹钢	吨		HRB335-16mm

图 8-30 材料需求计划界面

8.8.2 采购合同订单管理

通过多项目、多采购订单集采的方式，实现采购统一管理，记录建筑工程的主辅材料的采购信息，如钢材、混凝土、木材、电线电管等材料。按照采购计划，在规定的时间内采购主辅材料和设备进场，并记录合同签约时间、票据类型等信息，如图 8-31 所示。

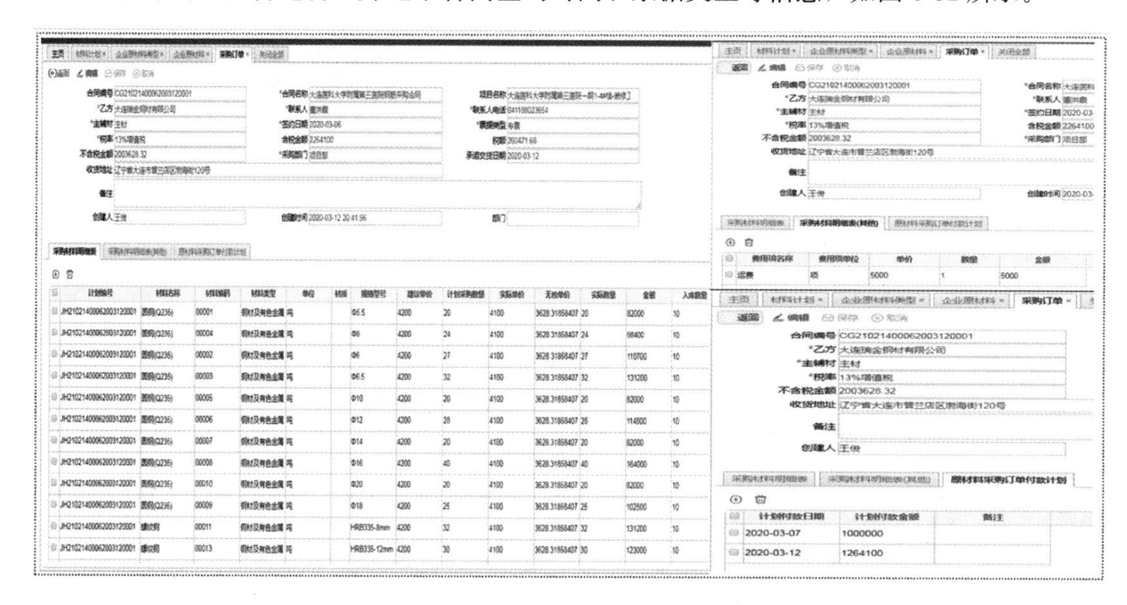

图 8-31　采购合同订单管理界面

8.8.3 材料进场及库存管理

1. 材料进场验收入库

申请进场验收的材料，系统会自动校验，必须是采购订单中的材料，同时不能超过采购订单的数量。采用材料批次入库的方式，记录材料的库房、入库时间、批次、采购合同编号及供应商等信息，形成材料入库明细表，出现质量问题可以追溯到原材料，如图 8-32 所示。

2. 材料库存管理

通过材料的批次、材料编码、材料名称及类型、数量、规格、单价与税率等信息进行管理，如图 8-33 所示。库存动态实时更新，确保领料人员能够领出需要的材料，保证施工顺利进行。

3. 材料出库管理

通过记录领用人、领料部门及库房、出库时间、领料用途等信息追溯材料被领用记录，如图 8-34 所示。材料领用由相关负责人审批，确保工程量和原材料匹配，有效控制可变成本。

4. 材料库存盘点

通过登记盘点材料名称、库房名称、盘点人及盘点日期等信息形成材料盘点明细，如图 8-35 所示。

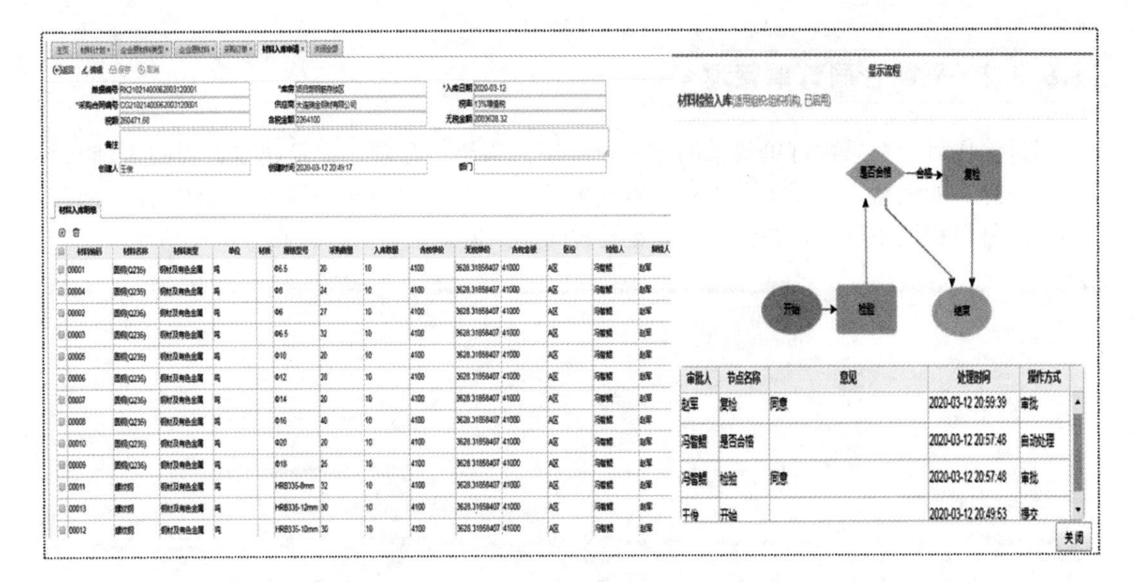

图 8-32　材料入库界面

主页 | 材料计划 | 企业原材料类型 | 企业原材料 | 采购订单 | 材料入库申请 | 材料检验入库 | 材料库存 | 关闭全部

批次	材料编码	材料名称	材料类型	主辅料	单位	材质	规格型号	含税单价	税率	无税单价	入库数量	可用量	仓库	区位
RK21021400062003120001	00006	圆钢(Q235)	钢材及有色金属	主材	吨		Φ12	4100	13%增值税	3628.3186	10	10	项目部钢筋存放区	A区
RK21021400062003120001	00014	螺纹钢	钢材及有色金属	主材	吨		HRB335-14mm	4100	13%增值税	3628.3186	10	10	项目部钢筋存放区	A区
RK21021400062003120001	00020	螺纹钢	钢材及有色金属	主材	吨		HRB335-28mm	4100	13%增值税	3628.3186	10	10	项目部钢筋存放区	A区
RK21021400062003120001	00017	螺纹钢	钢材及有色金属	主材	吨		HRB335-20mm	4100	13%增值税	3628.3186	10	10	项目部钢筋存放区	A区
RK21021400062003120001	00008	圆钢(Q235)	钢材及有色金属	主材	吨		Φ16	4100	13%增值税	3628.3186	10	10	项目部钢筋存放区	A区
RK21021400062003120001	00012	螺纹钢	钢材及有色金属	主材	吨		HRB335-10mm	4100	13%增值税	3628.3186	10	10	项目部钢筋存放区	A区
RK21021400062003120001	00009	圆钢(Q235)	钢材及有色金属	主材	吨		Φ18	4100	13%增值税	3628.3186	10	2	项目部钢筋存放区	A区
RK21021400062003120001	00011	螺纹钢	钢材及有色金属	主材	吨		HRB335-8mm	4100	13%增值税	3628.3186	10	10	项目部钢筋存放区	A区
RK21021400062003120001	00001	圆钢(Q235)	钢材及有色金属	主材	吨		Φ5.5	4100	13%增值税	3628.3186	10	2	项目部钢筋存放区	A区
RK21021400062003120001	00013	螺纹钢	钢材及有色金属	主材	吨		HRB335-12mm	4100	13%增值税	3628.3186	10	10	项目部钢筋存放区	A区
RK21021400062003120001	00016	螺纹钢	钢材及有色金属	主材	吨		HRB335-18mm	4100	13%增值税	3628.3186	10	10	项目部钢筋存放区	A区
RK21021400062003120001	00018	螺纹钢	钢材及有色金属	主材	吨		HRB335-22mm	4100	13%增值税	3628.3186	10	10	项目部钢筋存放区	A区

图 8-33　材料库存界面

主页 | 材料计划 | 企业原材料类型 | 企业原材料 | 采购订单 | 材料入库申请 | 材料检验入库 | 材料库存 | 材料出库 | 关闭全部

返回　编辑　保存　取消

单据编号 CK21021400062003120004　*出库日期 2020-03-12　*库房 项目部钢筋存放区

*领料人 张强　*领料部门 项目部　库管员 赵军

*领料用途 现场使用

备注

创建人 王俊　创建时间 2020-03-12 21:03:53　部门

原材料出库　原材料出库明细

材料名称	材料编码	材料类型	主辅料	单位	材质	规格型号	出库数量	部品类型名称
圆钢(Q235)	00001	钢材及有色金属	主材	吨		Φ5.5	8	构件
螺纹钢	00019	钢材及有色金属	主材	吨		HRB335-25mm	10	构件
圆钢(Q235)	00005	钢材及有色金属	主材	吨		Φ10	10	构件
圆钢(Q235)	00009	钢材及有色金属	主材	吨		Φ18	8	构件

图 8-34　材料出库界面

主页 材料计划 × 企业原材料类型 × 企业原材料 × 采购订单 × 材料入库申请 × 材料检验入库 × 材料库存 × 材料出库

返回 编辑 保存 取消

编号 MI21021400062003120001
盘点名称 钢筋盘点
库房名称 项目部钢筋存放区
盘点人 王俊
盘点日期 2020-03-12

材料盘点明细

材料名称	材质	规格型号	单位	库存数量	材料类型	主辅料	盘点数量
螺纹钢		HRB335-25mm	吨	10	钢材及有色金属	主材	8

主页 材料计划 × 企业原材料类型 × 企业原材料 × 采购订单 × 材料入库申请 × 材料检验入库 × 材料库存 × 材料出库 × 材料盘点 × 材料退库 × 关闭全部

返回 编辑 保存 取消 未提交

单据编号 TK21021400062003120001
*退库日期 2020-03-12
*库房 项目部钢筋存放区
*退库部门 项目部
*退库人 张强
退库类型 领料退库
退库金额 20500
备注
创建人 王俊
创建时间 2020-03-12 21:06:57
部门

原材料退库明细表

出库单号	出库日期	材料名称	材料编码	材料类型	单位	材质	规格型号	批次	区位	含税单价	出库数量	退库数量	金额
CK21021400062003120004	2020-03-12	圆钢(Q235)	00009	钢材及有色金属	吨		Φ18	RK21021400062003120001	A区	4100	8	5	20500

图 8-35　材料盘点界面

5. 材料付款

通过与采购合同进行关联，直接读取原始合同信息，根据合同支付约定，生成本期应付款金额，并可手动进行调整，如图 8-36 所示。

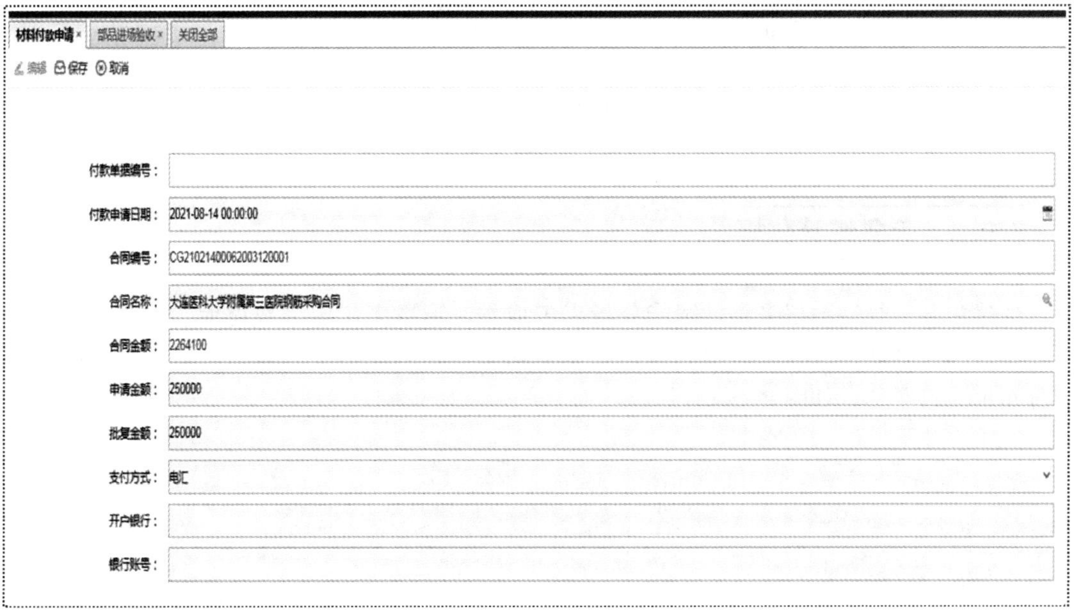

材料付款申请 × 部品进场验收 × 关闭全部

编辑 保存 取消

付款单据编号：
付款申请日期：2021-08-14 00:00:00
合同编号：CG21021400062003120001
合同名称：大连医科大学附属第三医院钢筋采购合同
合同金额：2264100
申请金额：250000
批复金额：250000
支付方式：电汇
开户银行：
银行账号：

图 8-36　材料付款界面

8.9 施工劳务管理的数字化

8.9.1 人员管理功能

人员管理包括分包资源管理、员工考勤管理、移动打卡、人员奖惩管理及实名制管理等内容，如图 8-37 所示。通过人脸识别、照片水印、云计算、人工智能等技术，实现个人信息采集、施工现场考勤、信息实时上传、奖惩管理等实名制管理。施工人员可自主查询考勤和累计工日，并可避免漏报漏记。

图 8-37 人员管理功能模块界面示例

8.9.2 劳务统计分析

通过实名制管理数据采集，智能分析人工成本，形成人工定额数据库。设置欠薪、恶意讨薪自动识别功能，警方通缉人员自动识别功能等，形成用工黑名单。施工现场实时用工分布也一目了然，如图 8-38 所示。

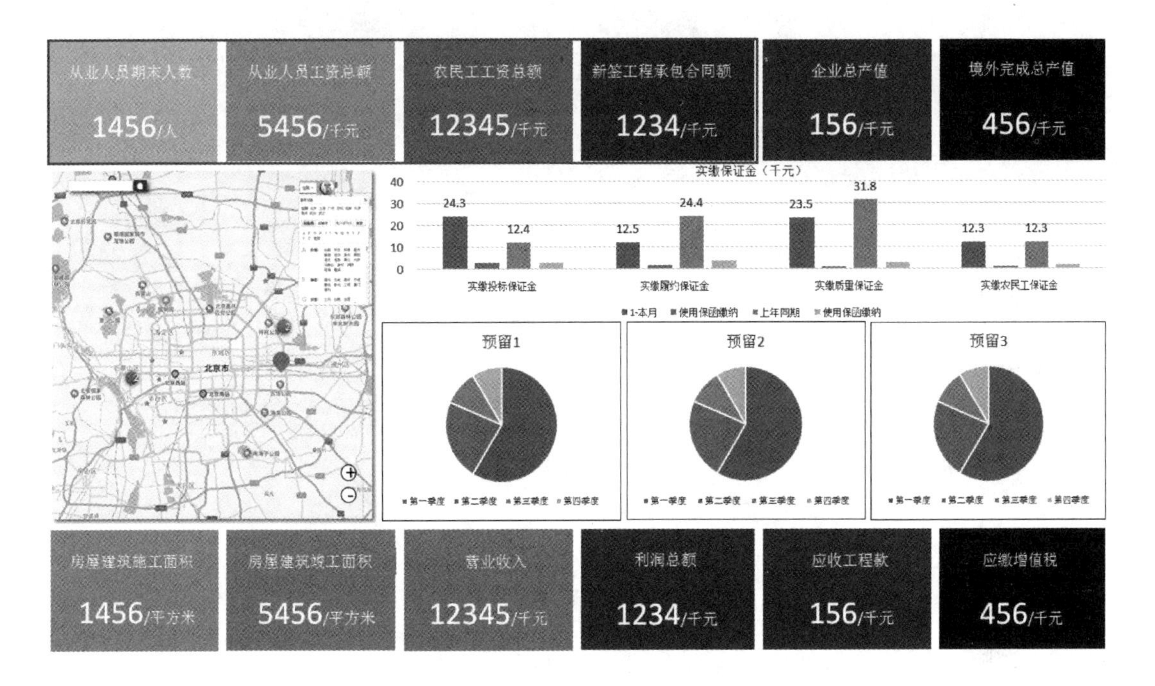

图 8-38　人员管理功能模块界面示例

8.10　施工机具设备管理的数字化

项目管理系统内置施工机具设备管理模块，包含设备台账、设备保养记录、设备租赁管理、设备租赁管理阶段及设备检查记录等功能，统筹管理设备基本信息、使用情况、检查记录等，并对累计的资料进行电子化存档，保障信息的公开性、可查性。

8.10.1　设备台账

通过设备配套人员信息、记录管理编号、机械设备编码、机械设备名称、规格型号、功率及进场单位等信息记录台账，如图 8-39 所示。

8.10.2　设备租赁结算管理

对于租赁设备，通过记录租赁时间、供应商名称、单据编号、结算日期、合同编号等信息进行管理存档，如图 8-40 所示。

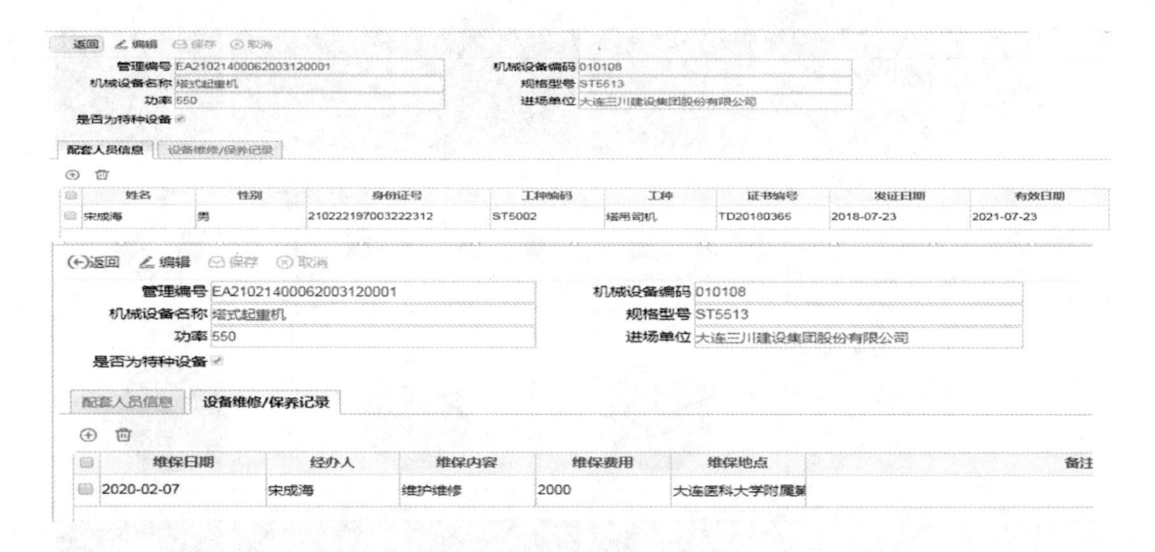

图 8-39　设备台账信息界面

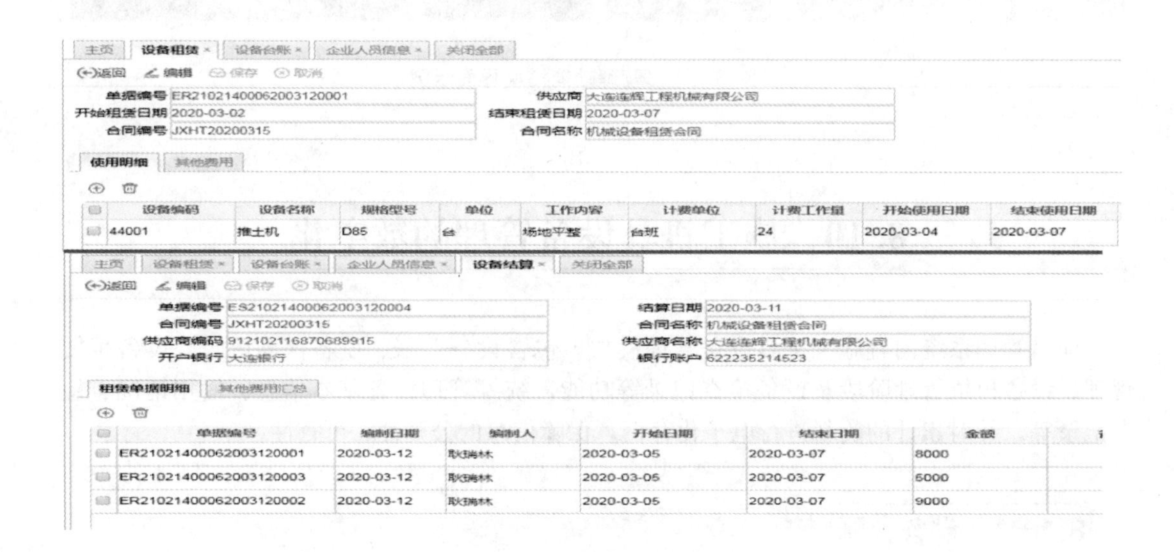

图 8-40　设备租赁信息界面

8.10.3　设备检查

通过设备的巡检记录和维修记录等信息进行管理，详细记录设备的使用寿命及缺损情况，根据业务类型(检查、维修、保养)进行分别记录，详细记录每次检查的检验人、检验编号及设备状况等信息，有序地进行归档管理。同时，在界面中，可直接查看设备状态，如图 8-41 所示。

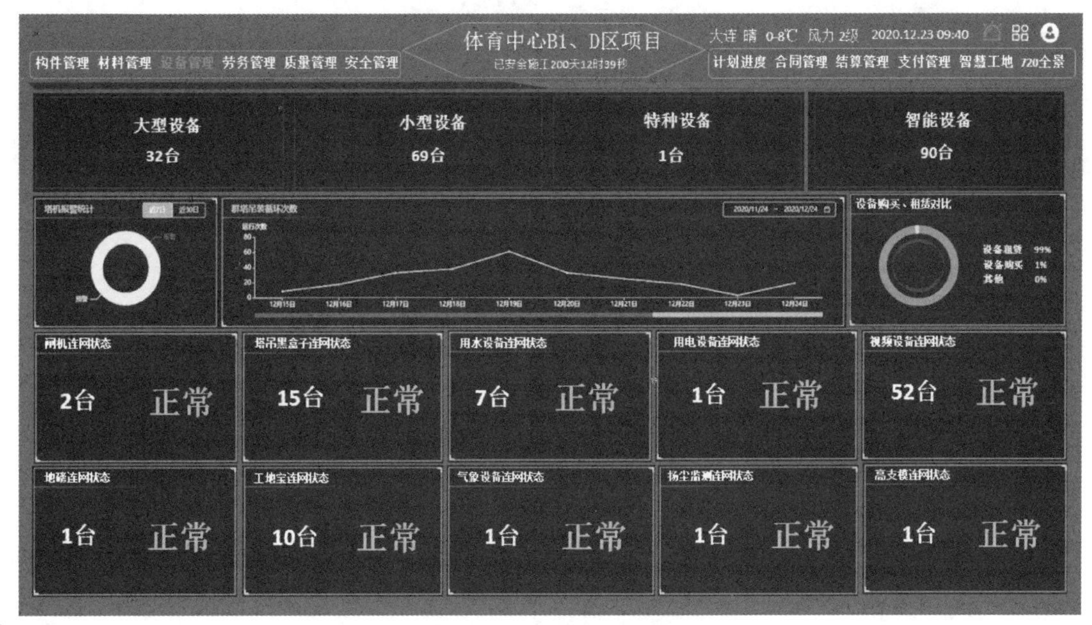

图 8-41 设备台账示意

8.11 施工资料管理的数字化

8.11.1 BIM 在施工资料管理中的应用

项目施工系统内置施工资料管理模块。传统工程项目的大部分施工资料，一般采用文件夹或盒子装订形成纸质文档，最后移交给建设方。由于施工阶段工程项目资料繁多，产生的大量数据不易保存和追溯，容易发生遗漏和错误，资料的分类、保存、查询和更新等工作难度大。而 BIM 技术以三维信息模型作为集成平台，利用 BIM 及其数据库与网络的结合，将虚拟模型与资料数据共享云端，实现对项目施工阶段海量信息的集成、管理、分析和共享，为各参与方提供高效率信息沟通和协同工作的平台。各岗位工作人员可以将施工合同、设计变更、会议纪要、进度质量安全等资料上传到项目管理系统，管理人员即可通过 BIM 浏览器查看最新的数据，从而建立起现场资料数据与 BIM 具体构件的实时关联，最终向建设方提交一份基于 BIM 的电子资料库，如图 8-42 所示。

8.11.2 文档管理功能

文档管理包括“我的文件夹”“已发送文件”“已接收文件”“我的团队”等功能，如图 8-43 所示。统一的文档存储管理可以实现长久保存，不易丢失；统一的文档授权访问可以实现访问权限可控制，安全保密；文档共享可以实现文档跨项目、跨企业的实时共享。

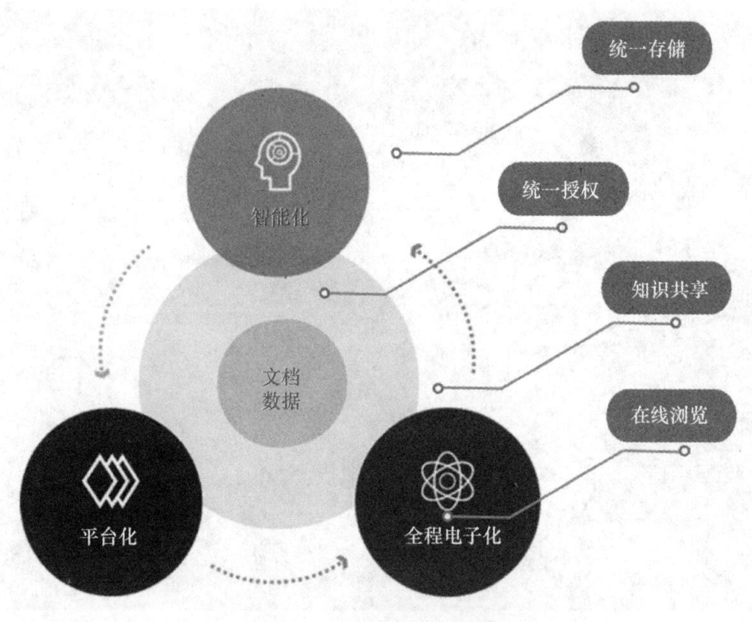

图 8-42　智能化档案管理示意

图 8-43　“文档管理”界面

参考文献

[1] 中华人民共和国住房和城乡建设部，中华人民共和国国家质量监督检验检疫总局．GB/T 51231—2016 装配式混凝土建筑技术标准[M]．北京：中国建筑工业出版社，2017.

[2] 中华人民共和国住房和城乡建设部．JGJ 1—2014 装配式混凝土结构技术规程[M]．北京：中国建筑工业出版社，2014.

[3] 住房和城乡建设部科技与产业化发展中心．装配式建筑发展行业管理与政策指南[M]．北京：中国建筑工业出版社，2018.

[4] 住房和城乡建设与产业化发展中心．中国装配式建筑发展报告(2017)[M]．北京：中国建筑工业出版社，2017.

[5] 住房和城乡建设部科技与产业化发展中心．大力推广装配式建筑必读—制度·政策·国内外发展[M]．北京：中国建筑工业出版社，2016.

[6] 住房和城乡建设部科技与产业化发展中心．大力推广装配式建筑必读—技术·标准·成本与效益[M]．北京：中国建筑工业出版社，2016.

[7] 文林峰，刘美霞．装配式建筑标准化部品部件库研究与应用 [M]．北京：中国建筑工业出版社，2019.

[8] 刘美霞，武振，王洁凝，刘洪娥，王广明，彭雄．住宅产业化装配式建造方式节能效益与碳排放评价[J]．建筑结构，2015(6)：71-75.

[9] 刘美霞，卞光华，董嘉林，袁泉．基于部品库标准化构件的装配式混土建筑设计优化研究[J]．中国勘察设计，2020：94-97.

[10] 刘美霞，李卫东，王洁凝，李珂，岑岩，雷云霞，党开春，武冰玉．6 座城市装配式建筑政策聚类和模拟评估分析[J]．建筑结构，2020(10)：1-8.

[11] 刘美霞，李卫东，曹杨，贺军，孙飞，王双军，武冰玉，梁宝怡．城市区级装配式建筑产业链需求引导政策对比分析[J]．建筑结构，2021.7

[12] 刘美霞，张素敏，袁泉．装配化装修标准化部品发展研究[J]．住宅产业，2019：34-38.

[13] 刘美霞，张素敏，袁泉．装配化装修部品部件库与装配化装修信息化发展新趋势[J]．中国建设信息化，2020：28-31.

[14] 袁泉，刘美霞，宗明奇，李慧慧，李常乐．装配式斜交密肋标准化墙体构件受剪承载力研究．建筑结构，2020，50(S1)：578-584.

[15] 徐运明，陈梦琦，陈晖，等．建筑施工组织[M]．长沙：中南大学出版社，2018.

[16] 郑伟．建筑施工技术[M]．长沙：中南大学出版社，2017.

[17] 长沙远大教育科技有限公司，湖南城建职业技术学院．装配式混凝土建筑施工技术[M]．长沙：中南大学出版社，2019.